AF256902

DECODIFICANDO LA INSTALACIÓN PANELES SOLARES

1ª edición

Cómo crear y calcular sus sistemas fotovoltaicos para cualquier aplicación

Karl Franklin, Delfin

Copyright © 2018 - Alán Adrián Delfín Cota. Todos los derechos reservados.

El contenido de este libro no puede ser reproducido, duplicado o transmitidos sin permiso directo por escrito del autor.

Bajo ninguna circunstancia ninguna responsabilidad legal o la culpa se celebrarán en contra del editor para cualquier reparación, daños o pérdidas económicas debido a la información en este documento, ya sea directa o indirectamente.

Aviso Legal:

Este libro está protegido por derechos de autor. Esto es sólo para uso personal. No se puede modificar, distribuir, vender, usar, cita o paráfrasis cualquier parte del contenido de este libro sin el consentimiento del autor.

Aviso de exención de responsabilidad:

Tenga en cuenta la información contenida en este documento es para fines educativos y de entretenimiento. Cada intento se ha hecho para proporcionar información precisa, actualizada y completa, fiable. No hay garantías de ningún tipo se expresa o implícita. Los lectores reconocen que el autor no está participando en la prestación de asesoramiento jurídico, financiero, médico o profesional. El contenido de este libro se ha derivado de diversas fuentes. Por favor, consulte a un profesional con licencia antes de intentar cualquiera de las técnicas descritas en este libro.

Mediante la lectura de este documento, el lector está de acuerdo en que bajo ninguna circunstancia es el autor responsable de las pérdidas, directas o indirectas, que se haya incurrido como resultado del uso de la información contenida en este documento, incluyendo, pero no limitado a, -errors, omisiones o inexactitudes.

Dedicatorio

Dedicado a mis enemigos, que han sido gran ayuda en el crecimiento de mi carrera

Tabla de contenido

INTRODUCCIÓN

La energía solar es una energía que se origina a partir del sol. Consistentemente el sol emana o transmite una medida amplia de la energía. Contrastantemente, El sol irradia más energía en un segundo que toda la energía utilizada por la humanidad desde el inicio de tiempos.

¿Dónde se origina esta energía? Se origina en el interior del propio sol. Al igual que diferentes estrellas, el sol es una bola de gas significativa compuesta generalmente de hidrógeno y helio. El sol genera energía en su centro en un procedimiento llamado fusión nuclear. En medio de la fusión nuclear, debido a la alta densidad del sol y temperatura, este influencia las moléculas de hidrógeno caliente para separarse en piezas y sus núcleos (los centros focales de las partículas) se unen o consolidan - cuatro núcleos de hidrógeno interruptor para terminar un ápice helio. Algunos elementos se pierden durante la fusión nuclear. La energía liberada es descarada en el espacio en forma de energía brillante.

Se necesita un gran número de años para que la energía en el centro del Sol logre avanzar hacia la superficie solar, y le toma solamente ocho minutos viajar a la tierra 93 millones de millas a la tierra. La energía viaja a una velocidad de 186.000 millas por segundo, la velocidad de la luz.

Sólo un pequeño segmento de la energía transmitida por el sol hacia el espacio golpea la tierra, una sección de dos mil millones. Sin embargo, esta medida de la energía es gigantesca. Suficiente para abastecer las necesidades de energía de Estados Unidos por un año y medio!

¿A dónde va esta energía? Alrededor del 15 por ciento de la energía del sol que llega a la tierra se refleja de nuevo hacia el espacio. Otro 30 por ciento se utiliza para desaparecer en el agua, la cual, se desvanese en el medio ambiente, para generar de lluvia caída. La energía solar, es consumida por las plantas, la tierra y los mares. El resto podría ser utilizado para abastecer nuestras necesidades de energía.

CAPÍTULO UNO

ENERGÍA SOLAR

La energía solar se crea mediante la recopilación de la luz solar y convirtiéndola en electricidad. Esto se terminó mediante la utilización de tableros solares (paneles solares), que son juntas de nivel expansivas compuestos por numerosas células solares individuales. Se utiliza con regularidad en zonas remotas, a pesar del hecho de que se está terminando para arriba cada vez más famosa en zonas urbanas también.

TIPOS DE ENERGÍA SOLAR

La energía solar es una decisión importante para una gran cantidad de clientes, organizaciones y asociaciones que están buscando crear más energía verde además de ahorrar dinero en sus facturas de energía. En realidad, la parte más importante de informarnos sobre el aspecto de placas fotovoltaicas y debidamente ver la energía solar como la energía que se crea por los rayos de sol que logran placas fotovoltaicas.

Sea como fuere, hay mucho más a la energía solar, tanto en relación con puesta a punto al igual que los tipos de energía solar. Este libro revela una cierta penetración en los diversos géneros de la energía solar con el objetivo de que nuestros usuarios pueden por asentarse en las decisiones más instruidas al recoger un poco de energía solar que puede ser que deseen ver introducidas en sus hogares.

la innovación de energía solar depende de la capacidad de cambiar la luz del sol en energía utilizable. Sea como fuere, lo que puede hacer como tal en una variedad de rutas para dar calor, luz, agua hirviendo, electricidad, sin perjudicar la refrigeración de casas, estructuras o incluso edificios modernos.

1. Sistemas fotovoltaicos

Los materiales semiconductores utilizados en estos sistemas de energía solar retienen la luz del sol que hace que una respuesta que genera electricidad - que es correcta, la energía solar que golpea a los electrones libres de su ápice lo que hace que se muevan a través del material semiconductor y entregan energía.

Hoy en día, la innovación tablero solar puede asimilar y cambiar a lo largo en energía la parte más importante de la gama de luz inconfundible y alrededor de una parte de la gama de luz brillante e infrarroja.

Las células solares o comúnmente conocidas como celdas solares generalmente se consolidan en módulos que contienen alrededor de 40 células, y en conjunto pueden hacer gran efecto con respecto a unos pocos metros. Dado su tamaño portátil y efectividad, estas celdas fotovoltaicas de placa plana se pueden montar en un borde sedimentado confrontando hacia el sur, o pueden ser instalados en una baliza GPS que persigue el sol, lo que les permite atrapar la mayor luz solar a través del lapso de una día.

Algunas de estas exposiciones fotovoltaicos se esperaría generen suficiente energía para una familia; sin embargo, para una utilidad eléctrica expansiva o aplicación mecánica, serían necesarios muchos de estos grupos y estos para dar forma a un sistema fotovoltaico sustancialmente grande.

2. Celdas solares de película delgada

Asimismo, este tipo de innovación de manera similar se puede mantener funcionando con celdas solares de película delgada que utilizan capas de materiales semiconductores sólo un par de micrómetros de espesor. Esto ha hecho que sea viable para las células solares de doble teja, tejas, chapas del tejado del edificio, o el recubrimiento para el cielo frente a las ventanas o aurículas expansión de la utilización del espacio accesible desde donde sería capturado la luz del sol.

3. Fascinante Realidad:

Ha habido mejoras reales en el dominio de esta innovación, especialmente en cuanto a la captura y el cambio sobre la luz solar. Por ejemplo, las primeras celdas solares creadas durante los años 1950, tenía eficiencias de menos de 4%. Hoy en día, por lo general, ofrece capacidades de alrededor del 15%.

4. Sistemas de calentamiento solar de agua

El segundo tipo de energía solar es agua de alta temperatura solar que como su nombre propone incluye el calentamiento de agua utilizando el calor del sol. La idea detrás de esto viene directamente de la naturaleza: el agua poco profunda de un lago o el agua en la parte menos profunda de la costa es generalmente más caliente en contraste con el agua más profunda. Esto es debido a la luz del sol puede calentar la base de la orilla del mar o lago en las regiones de poca profundidad, que por lo tanto, calienta el agua. A lo largo de estas líneas, un sistema ha sido creado para reflejar esto: los sistemas de calefacción de agua solares para estructuras se componen de dos tramos, la autoridad solar y un tanque de almacenamiento.

El equipo más utilizado para lograr este cometido es un recolector de nivel de placa que va montado en un techo. Pequeños cilindros pasan a través de la caja y transportar el líquido - ya sea agua u otro líquido, por ejemplo, una disposición de líquido del radiador - a calentar. Como el calor se desarrolla en el recolector, se calienta el líquido que va a través de los cilindros. El tanque de almacenamiento en ese momento contiene el líquido caliente.

5. Plantas Solares

Una tercera forma podemos refrenar la energía del sol para producir energía es la electricidad solar; esto se utiliza generalmente en aplicaciones modernas. Como la gran mayoría de nosotros sabemos, la mayoría de las plantas de energía utilizan derivados del petróleo no sostenibles para hervir agua.

El vapor del agua hirviendo influye en una amplia turbina de pivotar que de este modo promulga el generador para generar electricidad. A lo largo de estas líneas de generación de electricidad es terrible tanto para la tierra y nuestro bienestar se da la descarga de sustancias que agotan el daño y los venenos de aire de la copia de derivados del petróleo.

En cualquier caso, afortunadamente, se presenta otra edad de las plantas de energía que dependen de la energía solar! Estas plantas utilizan el sol como fuente de calor, y lo pueden hacer como tal en tres diversas maneras:

Sistemas cilindro alegóricos atrapan la energía del sol a través de largos espejos rectangulares dobladas, que se inclina hacia el sol. A lo largo de estas líneas, que ayudan a la luz del sol se centran alrededor de un tubo que contiene aceite. El aceite se calienta y se utiliza en ese punto se utiliza para hervir agua en un generador de vapor convencional para suministrar electricidad.

Un sistema de antena / motor utiliza un plato refleja el aspecto de forma como un violín un plato sustancioso satélite que recoge y concentra el calor del sol en un receptor. Este colector retiene el calor y la intercambia al líquido dentro de un motor. El calor hace que el líquido se extiende en contra de un cilindro o turbina y produce energía mecánica. Esta energía se utiliza para ejecutar un generador o alternador para suministrar electricidad.

Un sistema de torre de energía utiliza un importante campo de espejos para pensar la luz solar en el punto más alto de una cima, donde un recipiente que contiene sal líquida se sienta. El calor de la sal se utiliza para producir electricidad a través de un generador de vapor convencional. Sal fundida mantiene el calor con eficacia, por lo que tiende a ser guardada durante mucho tiempo antes de ser transformada en electricidad. Eso implica que el poder puede ser entregado en días nublados o incluso unas pocas horas después de la puesta del sol.

6. Calefacción Solar Pasiva

Una manera aún más que la energía solar puede ser abordada es a través de la técnica para la calefacción solar pasiva y la iluminación solar.

El efecto del sol es sencillo: avance afuera en un día cálido y soleado, y se puede sentir el sol. Con la estructura legal, las estructuras pueden asimismo "sentir" la energía del sol.

Por ejemplo, las ventanas del sur de ruedas tendrán más luz del sol mientras que las estructuras pueden igualmente materiales fusibles, por ejemplo, plantas iluminadas por el sol y los divisores que asimilar y almacenar el calor del sol.

Estos materiales se calientan en medio del día y de descarga gradualmente el calor alrededor de tiempo de la tarde, cuando por lo general se requiere calor. Otros aspectos destacados del plan, por ejemplo, un espacio solar, que se parece a los viveros, se concentran una gran cantidad de calor, que con una correcta ventilación puede ser utilizado para calentar un edificio entero [5]. Tales aspectos más destacados impulsar los aumentos inmediatos del calor del sol sin embargo, también la luz del sol en sí. El sorprendentemente mejor noticia es que en los días inusualmente calientes, hay enfoques para garantizar estos aspectos más destacados no recalentar estructuras.

CAPITULO DOS

LA IMPORTANCIA DE LA ENERGÍA SOLAR

Un destacado entre los temas más alarmantes de hoy es el aumento del costo de la energía. Los costos de energía están en el ascenso como recursos de la Tierra están siendo drenados gradualmente. Afortunadamente, la innovación ha dado nuevos recursos a partir de sustancias comunes, por ejemplo, la energía solar. A pesar de que el interés por la energía sigue ascendente, hay cosas que cada titular de hipoteca puede hacer para reducir sus costos y ayudar a la tierra. En la remota posibilidad de que usted está buscando maneras de unirse a las ventajas de la energía solar en su casa, conversar con su compañía de energía renovable y el uso de estas contemplaciones para que pueda instalarse en una elección.

✓ **ENERGÍA SOLAR ayuda al medio ambiente**

La energía solar es uno de esos recursos renovables que es extraordinario para la tierra. Cuando se trabaja con una compañía de energía renovable, que obtiene su energía de fuentes renovables; la energía solar es una de ellas. Este tipo de energía no crea gases invernaderos, y que no contamine el agua o el aire. Es independiente y una buena manera de dar energía a su hogar o negocio.

✓ **Precio de la Independencia**

Cuando se trabaja con una empresa de servicio al cliente, sus costos son probablemente en el ascenso de forma coherente. Sea como fuere, cuando se está en el marco de una empresa de energía renovable, que tiene tasas mucho más estables. Utilizan la energía renovable, por ejemplo, la energía solar, y que ayuda a nivelar los estándares. Además, regularmente se cobran por lo que usa y no tasas variables que son el resultado con otros proveedores de energía.

✓ **ENERGÍA SOLAR crea puestos de trabajo**

Al reforzar las organizaciones de energía renovable, que están haciendo las ocupaciones que llevan a la parte de los marcos que crean más energía a partir de recursos renovables. Es un ciclo positivo que puede realmente permanecer detrás. Cuantas más personas que utilizan recursos renovables, los individuos más las organizaciones deben apoyar los marcos de energía impecables.

✓ **Opciones Residenciales**

Con respecto a los recursos energéticos renovables, puede estar seguro de que su casa está siendo alimentada a través de la generación de energía en el hogar. La energía solar y otras fuentes renovables que hacen que su energía cuando estás con un proveedor renovable, todos provienen directamente desde aquí en los EE.UU.. No es necesario tomar energía de la otra parte del mundo para conseguir lo que necesita. Que, asimismo ayuda a mantener los costos bajos y en dimensiones más estables.

✓ Mejorando la seguridad de la red

Cuantas más personas que utilicen recursos renovables a través de una compañía de energía renovable, será menor número de cortes de energía que sufrirán. En el momento en que más personas utilizan la energía creada a través de los recursos comunes, la matriz será cada vez más segura. Será más reacios a tener problemas comunes o de origen humano, porque es un proceso cada vez más regular que es más diligentemente para interferir.

✓ **Más causas por las tierras subutilizadas**

La utilización de recursos renovables como la energía solar hará que haya más motivados para utilizar llegan que se ha infrautilizado como de no hace mucho tiempo. La mayoría de las regiones todavía tienen un montón de tierra si se apartan de las grandes comunidades urbanas y que llegue se está utilizando en vano. Con los recursos renovables en juego, que la tierra puede hacer que estima extraordinaria.

VENTAJAS DE ENERGÍA SOLAR

Hay numerosas circunstancias favorables a la utilización de la energía solar a través de una compañía de energía renovable en dos diferentes formas y tamaños maneras. Los compradores tienen preguntas, sin embargo, ya que preguntar acerca de, que ven las ventajas. Numerosos titulares de la propiedad necesitan para filtrar sus preguntas primero y luego instalarse en una elección, independientemente de si la energía solar con una compañía de energía renovable es directamente para su hogar y su familia.

EL FUTURO DE LA ENERGIA SOLAR

En un primer momento, se sofoque, la energía solar es quizás la solución más elegante para nuestras necesidades de energía. El sol se dispara la superficie de nuestro planeta con todo lo que pueda necesitar la energía para sostener hasta el fin del tiempo.

El gobierno de Estados Unidos evalúa que la Tierra recibe más de 173.000 teravatios de energía constante, que es más que varias veces lo que la humanidad necesita.

La prueba siempre ha estado recopilando esa energía. A pesar de que la gran mayoría sabe acerca de las células fotovoltaicas, paneles solares han sido suficientemente costosos para mantenerlos firmemente en la sección de extravagancia. Desde hace mucho tiempo la baja eficiencia de los paneles solares y los grandes gastos por pulgada cuadrada de estos paneles de energía solar monetariamente inviable.

Eso ahora ha cambiado. En los cinco años en algún lugar en el rango de 2008 y 2013, el costo de los paneles solares se redujo en más del 50 por ciento. En algún lugar en el rango de 2015 y 2017, los especialistas pronostican el valor caerá otro 40 por ciento. Los analistas en el estado Reino Unido que se sorprenden ante la selección a paso ligero solar está desarrollando. Miden que los costos bajarán lo suficientemente rápido como para permitir solar para contribuir con un 20% de nuestra utilización de energía para 2027. Esa referencia no habría sido posible un par de años atrás.

Al parecer, la innovación se ha conseguido hasta la velocidad en cuanto a costes y eficiencia. Es actualmente en el mismo borde de la selección en masa. Sea como fuere, lo que sería un paso al lado ideal? ¿Qué hay en el almacén para el destino final de la energía solar?

Nuevo negocio

Cada innovación trae nuevas puertas abiertas para los negocios. Tesla y Panasonic son a partir de ahora la organización de un panel de la producción de la planta de procesamiento solares gigantescos en Buffalo, Nueva York. Divisor de potencia de Tesla es a partir de ahora un destacado entre los más principales aparatos de acopio local de energía en el planeta. Los grandes jugadores no son los principales que se benefician de la explosión de la energía solar.

Hay un gran interés por la tierra. Terratenientes y ganaderos pueden alquilar su propiedad para el desarrollo de nuevos parques solares. El entusiasmo por enlace de media tensión podría subir desde parques solares deben recién asociados con el retículo. Todas las puertas se abren nuevos impulsarán los costos más bajos y estimular la tecnología más.

Células Bio-solar

Los científicos han explorado diferentes vías con respecto a material orgánico en las células solares desde hace algún tiempo. Los microbios (explícitamente cianobacterias) pueden, en última instancia, hacer que sea menos exigente a aparatos remotos de energía. La eficiencia de estas células bio-solar es ningún lugar cerca de las células fotovoltaicas convencionales, sin embargo, hay confianza la innovación continua para recuperar el tiempo perdido. Uno de los científicos de Thomas J. Facultad de Ingeniería y Ciencias Aplicadas de Watson de la Universidad de Binghamton acepta bio-células serían útiles para las zonas remotas donde suplantando baterías de gran parte del tiempo no es una opción.

Mejor conversión a electricidad

Los científicos de Israel y Alemania se unieron para examinar si había una forma superior de convertir la luz solar en energía. Resulta que el enfoque más productivo es, además, el más ampliamente reconocido - la fotosíntesis. El examen confirmó que la utilización de la biomasa como combustible podría, a la larga, nos permiten hacer que las máquinas de fotosíntesis falsos. Estos podrían convertir la luz solar en energía y almacenar de una forma característica progresivamente para su uso posterior.

Los paneles correderas

Unas pocas naciones se quedan cortos en el espacio para parques solares. Una solución elegante a este problema es evitar instalar parques solares. Ceil y Terre International, una compañía francesa de energía, ha estado tomando un tiro en gran escala, por inercia, y la solución solar desde 2011. Ellos sólo han introducido un rancho preliminar de la orilla de un risco en el Reino Unido y actualmente están tomando un vistazo a esforzarse a lograr compararse a las las empresas de la India, Francia y Japón.

De energía a distancia desde el espacio

La Agencia Espacial Japonesa (JAXA) piensa acercarse más al sol es la forma ideal para impulsar la eficiencia y reunir más poder. Sistemas de Energía Solar en el espacio, SSPS por sus siglas en ingles, esfuerza por enviar paneles a la atmosfera. La energía recopilada se transmite de forma remota a la estación base usando microondas. Si es práctico, esta innovación podría ser una ventaja sustancial.

Árboles que cosechan energía

Un grupo de analistas en Finlandia está tratando de hacer un árbol que almacena la energía solar en sus hojas. Estas hojas se podrían utilizar para pequeños aparatos eléctricos y teléfonos celulares. Los árboles son impresos en 3D, la utilización de biomateriales que emulan la madera natural. Cada hoja produce energía de la luz solar, sin embargo, se pueden utilizar asimismo energía dinámica de la brisa. Los árboles serán utilizados tanto en interiores como exteriores.

La empresa es a partir de ahora en la etapa de modelo en el VTT.

Mejor eficiencia

La eficiencia es, en este momento, el mayor obstáculo para una mejor energía solar. En este momento, más del 80% de cada panel solar tiene una eficiencia de energía de menos de 15 por ciento. Gran parte de estos paneles solares es estacionario, lo que implica que pasan a la luz solar directa. Una parte más sustancial de la luz solar que incide en las tableros se malgasta. Mejor estructura, mejor ciencia y el uso de nanopartículas de la luz del sol de retención podría impulsar la eficiencia.

Algunos especialistas han descubierto la manera de coger el rango infrarrojo de la luz para su uso en paneles solares. En la actualidad, rayos infrarrojos van directamente a través de los paneles y se desperdician. En cualquier caso, si este rango de la luz no detectable puede ser capturado, podría ayudar a la eficiencia energética en un 30 por ciento.

Mientras tanto, IBM se esfuerza por hacer que las células fotovoltaicas individuales penetren con el objetivo de que una cantidad más considerable de ellos pueda ser insertada en un espacio más pequeño. La compañía confía en que podría, al final, insertar varias veces más células fotovoltaicas en un espacio similar.

La energía solar es sin lugar a dudas lo que está por venir. Hasta la fecha, la humanidad acaba de tocar la capa más superficial del potencial real del sol. El sol se transmite más energía a la superficie del planeta que lo que se utiliza cada año. Mientras que los costos han disminuido definitivamente a lo largo de los años, la innovación ha continuado como antes. Los analistas el mundo están trabajando con entusiasmo para mejorar la forma en que los rayos solares son recogidos y convertidos en energía.

La unidad determinada de la innovación, a la larga, ayudar a la energía solar contribuye una parte notable de las necesidades energéticas anuales. aparatos mejores y progresivamente productivos serán impulsados por el sol y pueden almacenar esta energía durante períodos más prolongados. La próxima ráfaga de energía va a cambiar vidas hasta el fin del tiempo.

CAPÍTULO TRES

EL MÉTODO MÁS EFICAZ PARA COMPRENDER ELECTRICIDAD: WATTS, AMPS, VOLTIOS Y OHMIOS

Las cuatro cantidades físicas más esenciales de la electricidad son:

- Voltaje (V)
- Corriente (I)
- Resistencia (R)
- Potencia (P)

Cada una de estas cantidades se estima la utilización de unidades distintivas:

El voltaje se tiene en voltios (V)

La corriente se estima en amperios (A)

La resistencia se estima en ohmios (Ω)

La potencia se estima en vatios (W)

La energía eléctrica, o la potencia de un sistema eléctrico, es continuamente equivalente a la tensión duplicada por la corriente.

Un sistema de embudos de agua se utiliza regularmente como una similitud que las personas puedan ver cómo estas unidades de electricidad cooperan. En esta relación, el voltaje es proporcional al peso del agua, la corriente es proporcional al flujo continuo de velocidad, y la resistencia es idéntica a la medida de la tubería.

En la ingeniería eléctrica, hay una condición esencial que aclara cómo se relacionan voltaje, corriente y resistencia. Este estado, compuesto por debajo, se conoce como ley de Ohm.

Ley de Ohm

V = I x R

La ley de Ohm expresa que la tensión es equivalente a la transmisión de corriente en un circuito de tiempo de la resistencia del circuito.

Un método para comprender la ley de Ohm es aplicarlo al sistema de tuberías de fantasía que hemos utilizado como una representación de un sistema eléctrico.

Supongamos que tenemos un tanque de agua conectado a una manguera. Si incrementamos el peso en el tanque, más agua saldrá de la manguera. En consecuencia, si incrementamos el voltaje en un sistema eléctrico, vamos a construir asimismo la corriente.

En la remota posibilidad de que hacemos la distancia a través de la manguera más pequeña, la resistencia se expandirá, por lo menos agua salir de la manguera. En este sentido, en la remota posibilidad de que incrementamos la oposición en un sistema eléctrico, vamos a disminuir la corriente.

Con esta presentación concisa de las operaciones de un sistema eléctrico, ¿qué tal si Rebote en cada una de las unidades de electricidad de forma independiente y se enteran de ellos con más detalle.

La imagen de arriba delinea un circuito eléctrico primario con una bombilla, un poco de alambre, y una batería.

¿Qué son los voltios?

Volts son la unidad base utilizada para medir voltaje. Un voltio se caracteriza como la "distinción de potencial eléctrico entre dos puntos de un cable de dirección cuando una corriente eléctrica de un amperio difunde un vatio de potencia entre esos enfoques." La voltios lleva el nombre del físico italiano Alessandro Volta.

En nuestra tabla de la batería sobre la batería da lo que se conoce como potencial de contraste en un circuito eléctrico, o voltaje. Si volvemos a nuestra similitud agua, la célula se asemeja a un sifón de agua que empuja el agua a través de una tubería. El sifón se expande el peso en la tubería, haciendo que la corriente de agua.

En la ingeniería eléctrica, la llamamos tensión eléctrica de peso y medimos en voltios. Un voltaje de tres voltios puede estar compuesta como 3V.

Como la cantidad de voltios se expande, los incrementos actuales también. En cualquier caso, todos juntos por la presente de flujo, el conducto eléctrico o alambre deberá circular de nuevo a la batería. En la remota posibilidad de que partimos del circuito, con un interruptor, por ejemplo, no circulará corriente.

Hay salidas de voltaje estándar para artículos regulares como las baterías y puntos de venta de la casa. En los Estados Unidos, la salida de voltaje estándar para una toma de corriente doméstica es de 120V. En Europa, la salida de voltaje estándar para una toma de corriente doméstica es de 230V. Otras salidas de voltaje estándar se registran en la tabla de abajo.

Tensiones regulares

ít

voltaje

Una sola célula, batería recargable

1.2V

Una sola célula, la batería no recargable

1.56V 1.5V-

USB

5V

Batería de coche

2.1V por célula

batería del vehículo eléctrico

400V

toma de corriente doméstica (Japón)

100V

toma de corriente doméstica (América del Norte)

120V

toma de corriente doméstica (Europa, Asia, África, Australia)

230V

viajes rápida tercer carril

750V 600V-

De alta tensión líneas de energía eléctrica

110,000V

Relámpago

100,000,000V

¿QUÉ SON AMPS?

El amperio, con frecuencia abreviado como "amplificador" o Una, es la unidad básica de la corriente eléctrica en el Sistema Internacional de

Unidades. Se llama así en honor al matemático y físico francés André-Marie Ampère, que está considerado como el padre de la electrodinámica.

La electricidad se compone de la corriente de electrones a través de un conducto, por ejemplo, un cable eléctrico o un enlace. Medimos la velocidad de un flujo de poder como una corriente eléctrica (del mismo modo como pensamos acerca de la velocidad de la corriente de agua en un canal de agua como la corriente fluvial). La letra usada para hablar a fluir en una condición es I.

La corriente eléctrica se estima en Amperios, abreviado a Amperios o la letra A.

Una corriente de 2 Amperios puede estar compuesta como 2A. Cuanto mayor sea la corriente, mayor es el streaming de la electricidad.

El Sistema Internacional de Unidades (SI) caracteriza como amplificadores persigue:

"El amperio es que consistente cual la corriente, cada vez que mantiene en dos conductores paralelos rectilíneos, de longitud interminable, de insignificante rotonda transversal segmento, y fijó uno m con una separación en el vacío, sería entregar entre estos conductores una potencia equivalente a 2 × 10-7newton por metro de longitud ".

Demostración eléctrica actual

¿QUÉ SON ohmios?

Ohms son la unidad base de la resistencia en un sistema eléctrico. El ohm se caracteriza como "una resistencia eléctrica entre dos de un conducto cuando un potencial contraste consistente de un voltio, conectado a estos enfoques, entrega en el actual canal de un amperio, el transmisor no ser el asiento de cualquier potencia electromotriz." El ohmios lleva el nombre del físico alemán Georg Simon Ohm.

La resistencia se estima en ohmios, o Ω (omega), para abreviar. A lo largo de estas líneas, cinco ohmios pueden estar compuestos 5ω.

En nuestro esquema batería por encima, en la remota posibilidad de que expulsamos el bulbo y vuelto a conectar el cable a la batería estaba en cortocircuito, el alambre y la batería se consiguen excepcionalmente caliente, y la batería sería de poco estar al mismo nivel, porque no habría ninguna resistencia en el circuito. Sin oposición, una corriente eléctrica sería inmensa corriente hasta el punto en que la batería estaba sin llenar.

Cuando añadimos una bombilla del circuito y se hace resistencia. Existe actualmente un barrio "bloqueo" (o estrechamiento de la tubería, por nuestra relación pipa de agua) donde la corriente se encuentra con alguna resistencia. Este increíblemente disminuye la transmisión de corriente en el circuito, por lo que la vitalidad de la batería se descarga toda la manera más gradual.

A medida que los poderes de la batería la corriente a través de la bombilla, la vitalidad de la batería se descarga en el bulbo como la luz y el calor. Los transmite actuales guardados energía a partir de la matriz a la bombilla, donde se transforma en luz y vitalidad calor.

La imagen de arriba muestra una luz como el principal impulsor de la resistencia eléctrica.

¿QUE SON WATTS?

Un vatio es la unidad básica de la energía en los sistemas eléctricos. Asimismo se puede utilizar en sistemas mecánicos. Se mide la cantidad de vitalidad se descarga cada segundo en una red. En nuestro gráfico de la batería, en la medida de la tensión y la corriente en el bulbo decidir cuánto espíritu se libera.

En el gráfico terminado, la luz tendría más espléndido como el poder, que se estima en vatios, incrementos.

Podemos determinar la potencia descargada en el bulbo y del sistema eléctrico en general, mediante el aumento de la tensión por la corriente. De este modo, para calcular vatios, se utiliza la receta adjunta.

¿Cómo calcular WATTS

$W = V * I$

Por ejemplo, una corriente de 2A mueve a través de una bombilla con una tensión de 12V en sentido transversal sobre él crea 24W de potencia.

Cómo calcular con vatios, amperios, voltios y ohmios

En la remota posibilidad de que usted necesita para completar una eléctrica averiguar incluyendo voltaje, corriente, resistencia, o el poder, hacen referencia a las fórmulas ciernen debajo. Por ejemplo, podemos determinar la potencia en vatios haciendo referencia a la zona amarilla en el círculo.

Este círculo fórmulas es muy valioso para algunos, las tareas de ingeniería eléctrica. Mantenga conveniente siempre que se está administrando un sistema eléctrico.

Las siguientes son algunas condiciones precedentes que se desenmarañada la utilización de las fórmulas.

Las ecuaciones precedentes

1. ¿Cuál es la corriente en un circuito eléctrico con un voltaje de 120V y 12ω de la resistencia?

I = V / R

I = 120/12

I = 10 A

La corriente en un circuito eléctrico con una tensión de 120V y 12ω de la resistencia es de 10A.

2. ¿Cuál es la tensión en un circuito eléctrico con una corriente de 10 A y 200ω de la resistencia?

V = I x R

V = 10 x 200

V = 2000V

La corriente en un sistema eléctrico con 10A y 200ω de la resistencia es 2000V.

3. ¿Cuál es la resistencia en un sistema eléctrico con una tensión de 230 V y una corriente de 5A?

R = V / I

R = 230/5

R = 46ω

La resistencia en un sistema eléctrico con 230V y 50A es 46ω.

El método más efectivo para utilizar un multímetro para medir el voltaje, corriente y resistencia

¿QUÉ ES milímetro?

Un milímetro informatizado o DMM es un instrumento valioso para la estimación de tensión, corriente, y la obstrucción, ya pocos metros tienen una oficina para probar transistores y condensadores. Del mismo modo se puede utilizar para comprobar la coherencia de alambres y cables. En la remota posibilidad de que le guste a DIY, hacer de soporte del vehículo o investigar hardware electrónico o eléctrico, un milímetro es un asistente muy útil para tener en su caja de herramientas casa.

Voltios, amperios, ohmios - ¿Qué significa todo?

voltios

Este es el peso en un circuito eléctrico.

amperios

Esta es una proporción de la transmisión en flujo en un circuito eléctrico.

ohmios

Una proporción de la protección de una corriente en un circuito

Fuente de voltaje

Esto proporciona una corriente presente en un circuito. Podría ser una batería, generador conveniente, la alimentación por red a un hogar, el alternador del motor en su vehículo o del asiento fuente de alimentación en un laboratorio o taller.

Carga

Un gadget o pieza que obtiene la energía de una fuente de tensión. Esto podría ser una resistencia electrónica, perilla, radiador eléctrico, motor o una máquina eléctrica.

Suelo

Esto por lo general es el punto en un circuito al que está asociado el terminal negativo de un suministro de batería o energía.

corriente continua

Coordenadas actual. corrientes actuales sólo una sola ruta desde una fuente de corriente continua, un caso de lo que es una batería

Aire acondicionado

Usted está sustituyendo actual. Corriente fluye un camino de una fuente se da la vuelta y después fluye hacia otro lado. Esto sucede todo el tiempo a una velocidad dictada por la recurrencia que es generalmente 50 o 60 Hertz. El suministro eléctrico en un hogar es AC

Extremidad

Un término usado para retratar el cojinete de la corriente de la corriente en un circuito o que se centra está seguro y que son auto contrario un punto de referencia

Utilizando un multímetro - Funciones de medición en el instrumento

Un multímetro esencial estimula la estimación de las cantidades que se acompañan:

voltaje de CC

corriente continua

voltaje de aire acondicionado

Obstrucción

Congruencia - demostrado por una campana o un tono

Algunos metros fundamentales no tienen una escala de corriente alterna.

Por otra parte, los medidores pueden tener las capacidades que se acompañan:

estimación de capacitancia

HFE transistor o ganancia DC

La temperatura con una prueba adicional

prueba de diodos

Reaparición

La estima estimado por el instrumento se demuestra en un programa de LCD o escala. Investigación DMMs asiento centro a veces tiene siete fragmentos shows LED.

Las instalaciones solares son cada vez menos exigente constantemente, y hay una gran cantidad de do-it-sin datos de ayuda de nadie más por ahí. Sea como fuere, ¿diría que usted está dispuesto a llegar el curso de bricolaje?

En caso de que esté interesado en la energía solar, sin duda, te das cuenta de que la electricidad solar es útil para la tierra, la seguridad nacional, y el aire que respiramos, también su factura de electricidad. También, que es un destacado entre los enfoques ideales para disminuir el compromiso de su unidad familiar a una división atmosférica peligroso. Del mismo modo que ha oído muy probablemente que va solar puede ser menos costoso que pagar por energía de la red, y es posible que reflexionar sobre si este caso es válido. De hecho, gran parte del tiempo, es preciso. Sólo requiere la inversión de los fondos de reserva graduales para superar el riesgo subyacente (a partir de ese punto en adelante, la energía solar es gratis). En la remota posibilidad de que se introduce el sistema solar usted mismo, usted puede golpear este punto de inflexión mucho más pronto - a veces, en una fracción del tiempo.

Que nos transporta a la siguiente cuestión central: ¿Se puede en efecto introducir a sus paneles solares? Una vez más, la respuesta adecuada es sí. Si usted puede conducir sacudidas de holgura y reunir las piezas premontadas, y en caso de que esté dispuesto a pasar por varios días o dos en su azotea (o no, en caso de que estés de montaje los paneles en el suelo), puede introducir su sistema solar. No es necesario darse cuenta de cómo conectar los paneles solares a su unidad familiar electricidad o el marco de servicios públicos. Usted emplea a un especialista de mantenimiento del circuito para la conexión de la casa, y la organización de utilidad va a lidiar con el resto, en su mayor parte por nada. Para un sistema off-celosía, la organización utilidad no está asociado con todos modos.

Tal vez decepcionante, esta actividad no es ni siquiera una razón decente para la compra de nuevos aparatos de poder, ya que el sólo un único que necesita es un agujero adecuado.

Las cosas son lo que son, si se trata de una empresa tan factible, por qué razón la gran mayoría utilizan los instaladores expertos? En primer lugar, muchas personas tienen justificaciones válidas para emplear a cabo todo, desde cambios de aceite a la compra de alimentos. expertos en energía solar manejan más de la instalación. Planean el sistema, se aplican los descuentos y créditos, que organizar todas las partes esenciales, y consiguen las subvenciones y pasan cada uno de los exámenes. La verdad del asunto es, usted puede hacer estas cosas usted mismo si tiene un abogado complaciente y que está deseosa de aplicar las normas de la autoridad local de construcción (que es el lugar que obtendrá esas subvenciones).

Las instalaciones solares son cada vez menos exigente constantemente, y que pueden recibir una descarga en qué cantidad hágalo sin la ayuda de otra persona (DIY) ayuda es accesible. Dos buenos precedentes son Watts y la Base de Datos de Incentivos Estatales para Renovables y Eficiencia (DSIRE). PVWatts es un mini-ordenador en línea que le anima a medir un sistema solar-eléctrica depende de la zona y la posición de su casa y el punto de su azotea. maestros solares utilizan un instrumento sencillo similares, pero es gratis para todo el mundo. DSIRE ofrece y a la moda, de largo alcance publicación de descuentos sostenibles fuente de energía, reducción de impuestos, y otras fuerzas motrices presupuestarias accesibles en cualquier zona de los Estados Unidos. Por otra parte, es, además, gratuito y sencillo de utilizar.

Los dos recursos solo ayuda responder a las dos consultas propietarios de viviendas tienen más básicos sobre electricidad solar: ¿Cómo enorme de un sistema que no requiere? Lo que es más, ¿Cuánto va a costar? Diferentes recursos incorporan proveedores de equipos solares que tengan en cuenta DIYers y ofrecen para obtener y ayuda especializada, al igual que los compradores invitando a fuentes de la industria, como la revista Home Power y la red en línea Construir Se solar. Lo que es más, no hay ninguna ley que diga DIYers no pueden contratar un experto en energía solar para obtener ayuda con partes específicas de su empresa, por ejemplo, haciendo que los detalles de la estructura, selección de hardware, o prepararse autorizar a los archivos.

Debemos decir asimismo de antemano que la introducción de sus paneles solares no es certificable un procedimiento en todo servido por comprometer. No necesitamos a organizar su sistema sin permitir o sin involucrar a un especialista mantenimiento del circuito para hacer las últimas conexiones. (De hecho, los instaladores solares, incluso expertos utilizan probadores de circuitos para estas cosas.) El permitir que el procedimiento puede ser agonía, honestamente, sin embargo, está ahí para garantizar que su sistema está protegido, para usted, así como para el personal de crisis que puedan necesitar para evitar el más pequeño que una planta de energía típico. Cuando se trabaja con la división local de la construcción, que, además, averiguar acerca de los factores fundamentales del plan, por ejemplo, pilas, viento y nieve, thatare explícita a su territorio

Es hora de que la prueba de fuego que revela que si se continúa intensamente como un instalador de energía solar aficionado o para dar el control a un experto. Para la gran mayoría de ustedes, la elección se reducirá a los principios de la autoridad local de construcción (probablemente su ciudad, provincia, municipio o del estado) o su proveedor de servicios públicos, los cuales pueden requerir que las instalaciones solares ser terminado por una autorizada competente. Esta es, además, el mejor momento para afirmar que su empresa no será vetado por su oficina de zonificación, los puntos de referencia de la región narrados, o asociación de su propietario.

la instalación de aficionados está permitido por la autoridad local de construcción y su proveedor de servicios públicos.

Requisitos previos para la instalación de aficionados son sensibles y satisfactoria. Algunos expertos requieren no profesionales a brisa a través de las pruebas que muestran la información esencial de los sistemas eléctricos de la unidad de la familia y otros, sin embargo, estos criterios no pueden ser amplio.

Estás bien con unas pocas horas de trabajo azotea física (los que tienen planta de montaje en sistemas consiguen un ir aquí), y ya está lo suficientemente inteligentes como para llevar auténtica caída de hardware de captura (no una cuerda atada alrededor de su abdomen). Es posible que sienta tan seguro como Mary Poppins en movimiento en azoteas, sin embargo, ella puede volar; usted debe ser fijado.

Usted no vive en una zona grabada o, si lo hace, la autoridad de zonificación otorga a los sistemas fotovoltaicos (con limitaciones adecuadas).

asociación de propietario, en la remota posibilidad de que usted tiene uno, otorga a los sistemas fotovoltaicos (con limitaciones dignas). A veces, la asociación de propietarios puede requerir un toque de meter a dar su consentimiento.

Tiene una especie de estándar de materiales (negro-top culebrilla, pie-pliegue de metal, tejas de madera, sobre las azoteas nivel estándar). Si tiene pizarra, baldosas de sólidos, baldosas de tierra, u otro delicada / pretensión de material de la fama, el abogado experto en material, así como un contrato a cabo la instalación fotovoltaica, esto no es un problema importante.

Advirtiendo: sistemas fotovoltaicos son por naturaleza peligrosa y posiblemente destructivo. Como instalador del sistema de bricolaje y propietario, usted debe comprender, sentido, y moderar los peligros necesarios con todas las tareas de instalación y reparación. Considerar cuidadosamente las advertencias de seguridad al igual que todas las necesidades en el local de la construcción y los códigos eléctricos y manuales de orientación de engranajes.

Para los propietarios pensando en la introducción de paneles solares, un pensamiento vital es independientemente de si el sistema de paneles solares de la casa debe ser asociado con la red (red atada) o de la matriz.

Aunque hogares fuera de celosía eran progresivamente regulares previamente, red vinculada hogares están expandiendo como la razonabilidad y la fama de incremento sistemas solar.

CAPÍTULO CUATRO

¿QUÉ ES UN SISTEMA VINCULADAS A LA RED?

Un sistema de panel solar vinculadas a la red es un sistema de energía solar que se asocia con la red eléctrica y, de este modo, utiliza potencia tanto desde el sistema de panel solar y la red eléctrica. En este sentido, un sistema solar vinculadas a la red no tiene que cumplir con la mayoría de las peticiones de potencia de la casa.

Si es necesario, el hogar puede extraer energía de la red de vez en cuando, (por ejemplo, en días nublados o alrededor de tiempo de la tarde) cuando los paneles solares no están entregando a la máxima eficacia. Por otra parte, si hay más energía que la que se requiere es producida por los paneles solares de una casa, que la energía abundancia será reforzado en la red para su uso en otro lugar.

INTERCONEXIÓN DE SU CASA A LA RED

Interfaz su casa a la red requerirá una asociación entre usted y el proveedor de su sistema de paneles solares.

En primer lugar, el proveedor del sistema solar debe conocer las leyes de interconexión barrio. Las leyes de interconexión son las normas y métodos que se aplican de manera explícita a las circunstancias en que un sistema de fuente de energía sostenible, por ejemplo, un sistema de energía solar se "detiene" en la red eléctrica. Las leyes de interconexión expresan los términos que deben ser seguidos por los dos propietarios y utilidades del sistema de energía solar.

Para empezar con un sistema vinculadas a la red, el proveedor del sistema solar registrará aplicaciones de interconexión y la medición neta a la organización de servicio.

VENTAJAS DE UN SISTEMA vinculadas a la red

Un sistema solar vinculadas a la red tiene un par de puntos focales notables respecto a los sistemas solares fuera de la cuadrícula:

calidad constante:sistemas de paneles solares no son impecables. Sin duda, habrá días en los que la productividad no es lo que podría ser, y el sistema no suministra suficiente. Sea como fuere, un gran número de su día a día (y diarios) ejercicios seguirá requiriendo la utilización de la energía.

No es en absoluto como fuera de la red son sistemas que puedan surgir corto de energía, sistemas solares conectadas a la red de menos inclinados a abandonar fuera del bucle en ocasiones anteriores. Si el poder creado a partir de su sistema de paneles solares no es precisamente ideales, la energía adicional se sacó de la red. La rejilla va sobre como refuerzo para su sistema de energía solar.

Menos energía se desperdicia posteriormente, y la productividad de su sistema de energía solar sube. Salvo en caso de un apagón, se acercará de forma fiable poder en medio siempre que sea de día, siempre y cuando su pedido está asociado con la red.

Gastos: Para trabajar legítimamente, sistemas de energía solar fuera de la red requieren cada vez más real de hardware que se pone costoso rápidamente. Sin tren, en su mayor parte, implica reducir los costos de establecimiento y mantenimiento. Esto pasa a ser la situación con la mayoría de los sistemas conectadas a la red. Desde la red eléctrica funciona como una batería para su sistema, usted no tiene que pagar por baterías; usted no tiene que pagar por el mantenimiento que se incluye con esas baterías.

Medición neta: La idea clave para comprender acerca de un sistema vinculadas a la red es que permite que usted alimente energía a la red en medio del día, cuando es posible suministrar una energía abundante, y para utilizar el suministro de la red durante la noche. La medición neta es un procedimiento de carga que da crédito a los propietarios de los sistemas conectadas a la red cuando crean más energía que las necesidades del hogar.

Desde casas conectadas a la red son típicamente neto medido, la central de seguimiento de este comercio entre el sistema solar y la red. la edad de energía sobreabundancia solicita su medidor de potencia de giro a la inversa en lugar de hacia adelante, a lo largo de estas líneas que le dan crédito. El crédito puede ser utilizado para compensar las cuotas para el uso futuro de la energía.

CONEXIÓN A LA RED SISTEMA SOLAR

Un sistema solar fuera de la red no está asociado con la red eléctrica y por lo tanto requiere el almacenamiento de la batería. Un sistema solar fuera de la red debe estar estructurado adecuadamente con el objetivo que se va a crear suficiente energía constantemente y tener suficiente capacidad de la batería para cumplir con los requisitos previos de la casa, incluso en las profundidades del invierno, cuando hay menos luz del día.

El gasto tremendo de baterías e inversores implica sistemas fuera de la red son sustancialmente más costosos que los sistemas conectados a la red como son típicamente sólo necesaria en zonas remotas progresivamente que están muy lejos de la red eléctrica. De todos modos costos de la batería están disminuyendo rápidamente, por lo que es actualmente un sector empresarial el desarrollo de sistemas de baterías solares fuera de la red, incluso en las comunidades urbanas y pueblos.

Hay tipos distintivos de los sistemas fuera de la red que vamos a exponer ampliamente más adelante, sin embargo, por el momento. Esta descripción es para un sistema acoplado de CA; en un control de sistema combinado de CC se envía primero en el banco de baterías, en ese punto enviado a sus máquinas

El banco de baterías: En un sistema de red aislada, no hay red eléctrica abierta. Cuando la energía solar es utilizada por los aparatos en su propiedad, ningún poder sobreabundancia será enviada a su banco de baterías. Cuando el banco de la batería está llena, se le dejó conseguir la energía del sistema solar. En el momento en que su sistema solar no está funcionando (por la noche o los días nublados), sus máquinas dibujarán el control de las baterías.

Generador de copia de seguridad: Por momentos del año cuando las baterías están bajas de carga, y el clima es excepcionalmente sombra se quiere, en su mayor parte, requieren una fuente de control de copia de seguridad, por ejemplo, un generador de respaldo o grupo electrógeno. La luz del grupo electrógeno (estimado en kVA) debe ser satisfactoria para el suministro de su casa y cargar las baterías en el ínterin.

Fuera de la red marcos solares pueden funcionar de modo autónomo de la red eléctrica. Para lograr esto, se requiere equipo adicional. alimentación de CC producida por las juntas de PV se alimenta a un controlador de carga, que dirige la carga en lugar de la rejilla controlada PC de la empresa de servicios públicos. A partir de ese punto, se introduce en un banco de baterías de CC, donde se guardó. El controlador de carga decide si para transmitir la carga, carga-pila completa, o evitar que la corriente de sobrecargar dependiente del banco de baterías en el nivel de carga de la batería. Sus interfaces de casa con el banco de la batería a través de un convertidor de corriente, lo que cambia el control de CC de las baterías al mando de 120 V de CA utilizado por la mayoría de los puntos de venta de la familia. A pesar de que las baterías de vehículos de plomo-ácido (en particular de ciclo profundo) se pueden utilizar para fabricar un banco de baterías, no es prescrito, ya que estas baterías tienen una vida útil corta, sobre todo cuando se emplea día a día. Además, estas baterías pierden alrededor del 20% de la vitalidad de entrada en stock, malgastando energía significativa y socavando la parte de la tierra vecindad solar. Numerosas organizaciones a crear baterías de iones de litio destinados expresamente para aplicaciones solares, similar a la prevalencia Tesla Powerwall, una batería de iones de litio de 6,4 kWh con una vida útil de 10 años. Estas baterías son un montón más cerca de los residuos vitalidad 7% hecha por la red de la empresa de servicios públicos. Sin embargo, la efectividad disminuye con el tiempo de vida de la célula. Nuevos tipos de baterías, similar al bromuro de zinc ZCell, pueden mejorar la productividad después de algún tiempo. Sin embargo, todavía no puede parecer que ser juzgado en el mercado privado. Recuerde que algunos vitalidad se pierde en cargar la batería, prestando poca atención a lo que se utiliza tipo de célula. Como resultado de este equipo adicional, fuera de la red solar es más costoso que vinculadas a la red con el Tesla Powerwall cuesta $ 3,000 (o $ 6,000 en medio de la esperanza de vida de 20 años de las placas solares) y un inversor de 10 kW cuesta $ 300- $ 500. Un interruptor separado DC adicional es igualmente vital entre la batería y el inversor, que incluye un extra de $ 100- $ 200. Fuera de la red solar es perfecto para lugares remotos o territorios inmaduros, donde la red eléctrica no es constante. Es, además, una solución increíble para las personas que pueden gestionar el coste de los gastos directos, lo que es más, desean desanudar también de la red eléctrica. Un inconveniente de fuera de la red hasta los vientos solares visibles cuando la luz del día no es tan rápidamente accesibles, por ejemplo, en medio de grandes tormentas en el invierno,

VENTAJAS DE GRID-atadas, fuera de la red, y sistemas de energía solar híbrido

Hay tres clases notables de sistemas de energía solar que pueden ser utilizados en Frederick y estos son vinculadas a la red, fuera de la red, y una raza mitad. Cada uno tiene su propio arreglo de circunstancias favorables. Leer para descubrir lo que puede elegir el más ideal para su hogar.

Vinculadas a la red

El sistema vinculadas a la red mantiene su hogar relacionados con la red, independientemente de tener una fuente de energía verde. Sus puntos de interés incluyen:

- **cada vez más práctico**

El sistema vinculadas a la red le permitirá disponer de más fondos, ya que es útil, que ofrece la medición neta, y requiere un mínimo esfuerzo de equipo y establecimiento. No necesita la utilización de baterías, que son generalmente costosos. Además, dado que no hay baterías, coste de mantenimiento se mantiene por lo menos. En términos generales, el sistema vinculadas a la red está en mal estado a introducir y mantener.

- **La rejilla se llena a medida que la batería virtual.**

El poder es un activo que debe ser gastado de forma progresiva. Sin embargo, esto no es generalmente la situación, por lo que no es regularmente la necesidad de almacenar en otro lugar antes de utilizarla. Con el sistema vinculadas a la red, toda la red se llena a medida que la batería virtual donde poder abundancia se puede mantener por cierto. Desde la rejilla rellena como una batería y no de hecho no es un desperdicio de batería incluido nada va a desperdiciar en este sistema.

Fuera de la red

En el momento en su casa no se acerca a la parrilla, su mejor alternativa es elegir un sistema fuera de la red. Es casi tiene el mismo sistema de la red-atado sin embargo en lugar de tener una rejilla para interconectar con, almacena energía en una batería. Éstos son los beneficios de este sistema:

- **Una alternativa superior para los hogares sin acceso a la red**

En lugar de tener miles y miles de líneas eléctricas instaladas en su casa para acercarse a la red, la alternativa fuera de la red es mejor. Es menos costoso que tener las líneas eléctricas instaladas, mientras que sin embargo, como dando casi misma fiabilidad de un sistema vinculadas a la red.

- **Su casa avanza hacia convertirse en energía adecuada**

Hace algún tiempo, si su casa no se acercó a la red, no había otra alternativa para que sea adecuada la energía. Con el sistema fuera de la red, puede tener poder día a día, gracias a la batería que almacena por usted. Tener suficiente energía para su hogar incluye una capa de seguridad. Además, nunca se verá influenciada por las decepciones de energía ya que tiene una fuente independiente en casa.

Mitad y mitad

La mitad y mitad sistema de consolidar el mejor de los sistemas conectadas a la red y fuera de la red.

- **Más eficiente que el sistema de red aislada**

La media y la mitad del sistema son más asequibles para introducir y mantener en contraste con el sistema fuera de la red. Con él, usted no tiene que poner un generador de refuerzo. Además, se puede disminuir la medida de su batería. Además, el poder fuera de la parte superior de la red es mucho menos costoso en contraste con el diesel.

- **Es un sistema prometedor.**

A pesar de que no es un montón de casas tiene un sistema de media casta, tiene un gran potencial. Es un

sistema de progreso decente para sagaz rejillas de lo
que vendrá.

CAPÍTULO CINCO

SOLAR FOTOVOLTAICA

Los paneles solares son más desconcertante de lo que parece. Células fotovoltaicas (PV) son los componentes que convierten la luz del día en electricidad. Estas células se organizan en módulos fotovoltaicos, tanto más ordinariamente se alude a los paneles como solares, que interactúan eléctricamente todas las células para aumentar el rendimiento de potencia total. Los módulos pueden estar asociados juntos para enmarcar un clúster de PV.

Tipos de sistemas de energía solar fotovoltaica

Sistemas PV-Direct: Estos sistemas son los más sencillos porque ni incluyen una batería ni están asociados a la red de suministro eléctrico. Pueden generar electricidad cuando la energía solar es accesible.

Sistemas aislados: Estos sistemas no están asociados a la red de suministro eléctrico y crean toda la electricidad del edificio. Abundancia de energía generada por estos sistemas se almacena en baterías y después de que de esta manera se utiliza en todo momento de la noche o en clima frío cuando la energía solar no es accesible. sistemas fuera de la red se utilizan generalmente en territorios sin la administración de servicios públicos. Requieren un banco de baterías, un controlador de carga, un inversor, y se desprende.

Sistemas vinculadas a la red con batería de reserva: Estos sistemas funcionan equivalente a un sistema fuera de la red, aparte de que están asociados con la red. Si el sistema no puede dar suficiente energía a través de la instalación fotovoltaica o la batería, la utilidad suministrará energía.

Sin pilas conectadas a la red de Sistemas (Grid-Directo, Cuadrícula interactiva):sistemas conectadas a la red menos batería son la aplicación PV más ampliamente reconocido. Estos sistemas están asociados con la red de energía de la red y utilizan la red eléctrica como una fuente de refuerzo del poder. Si se requiere más energía que está siendo creado por el sistema de energía solar fotovoltaica, la organización de servicio suministra la distinción. En la remota posibilidad de que se está produciendo más energía de la necesaria, la abundancia fluye en sentido inverso a través del medidor eléctrico a la organización de servicio, mientras que otros lo utilizan a continuación. Estos sistemas requieren inversores y equipos de bienestar eléctrica requerida.

Tipos de paneles fotovoltaicos

Single-gem módulos (monocristalinas): Estas células son las células más eficaces y más costosos fotovoltaicos ya que resultarán en creyente en general más energía la luz del día a la electricidad de diferentes tipos de células fotovoltaicas. Están hechas de silicio y se cortan a partir de lingotes cilíndricos que toman después de una gran salami, redondo.

Policristalinas módulos (policristalinas): Estas células son ligeramente menos eficaces que las células de pieza. Están hechas de corte de silicio de diferentes piedras preciosas.

módulos de capa delgada: Módulos fotovoltaicos de película delgada tienen la mayor eficacia reducida pero al mismo tiempo se traen en el gasto por vatio de energía producida. Están fabricados utilizando el chapoteo en o impresión bajo estrategias, en lugar de formar las células a partir de lingotes o cuadrados de silicio líquido. Se fabrican usando numerosos tipos de metales que incluyen silicio, galio, cadmio, telurio, y cobre.

Información extra

Sociedad Americana de Energía Solar - Cubre una variedad de puntos incluyendo cómo funcionan los sistemas eléctricos solares, lo que las células fotovoltaicas están hechas de, y adaptaciones únicas de paneles fotovoltaicos disponibles en el mercado.

La electricidad solar Fundamentos y sistema eléctrico solar Tipos - Proporciona representaciones de diversos sistemas eléctricos solares, incluyendo los sistemas conectadas a la red sin batería, el tipo más conocido de acuerdo privado.

Pequeños Sistemas eléctricos solares - Proporciona una revisión de las sutilezas técnicas de células solares fotovoltaicas y módulos, materiales semiconductores, componentes de sistemas solares para el hogar, y las células solares de película delgada.

SISTEMA SOLAR HYBRID

Sistemas solares híbridos producen energía en el mismo camino de un sistema solar típica rejilla-ata todavía utilizan baterías para almacenar energía para su uso posterior. Esta capacidad de ahorro de energía permite a la mayoría de los sistemas híbridos para trabajar asimismo como una fuente de alimentación de refuerzo durante un corte de energía, como un sistema UPS.

Tradicionalmente, el término híbrido se alude a dos fuentes de edad, por ejemplo, el viento y solar aún más en los últimos tiempos el término 'híbrido solar' alude a una combinación de almacenamiento solar y la batería que no es en absoluto como sistemas fuera de la red está asociado con la electricidad cuadrícula.

gráfico diseño esencial de un sistema típico híbrido solar (batería de CC acoplado)

¿Por qué almacenar la energía solar en una batería?

Numerosas administraciones y administradores de sistemas han disminuido la tasa de alimentación en energía solar o del ajuste (dinero o crédito conseguido para la alimentación de la energía solar a la red). Esto implica sistemas solares a red alimentar convencionales han resultado ser menos atractivo como la gran mayoría están trabajando durante el día y no está en casa para utilizar la energía solar, ya que es creado, a lo largo de estas líneas de la energía se nutre en la red para casi ningún llegada.

Un sistema híbrido solar almacena la energía solar abundancia y del mismo modo puede dar energía de reserva durante un apagón. Esto es ideal para los titulares de la propiedad, aunque, para la mayoría de las empresas que trabajan durante las horas de luz, un sistema solar típica rejilla de alimentación es hasta ahora la decisión más prudente.

sistemas solares híbridos le ayuden a almacenar la energía solar y la utilizan cuando estás en casa durante la noche, cuando el gasto de la electricidad es normalmente a la tasa pináculo.

La capacidad de almacenar y utilizar su energía solar cuando quería se alude como auto-empleo o auto-utilización. Funciona en la misma ruta desde un sistema de energía fuera de la red sin embargo el límite de batería requerida es mucho menor, por lo general suficientemente sólo para cubrir la parte superior de utilización (8 horas o menos) en lugar de 3-5 días con un sistema fuera de la red estándar.

VENTAJAS híbrido solar

Permite la utilización de la energía solar durante los tiempos pináculo (auto-uso o de carga-desplazamiento)

Poder acceder durante un apagón o corte de energía rejilla - UPS de trabajo

Faculta propulsado energía los ejecutivos (es decir, la parte superior de afeitar)

Faculta a la independencia energética

Disminuye la utilización de energía de la red (disminución del interés)

HÍBRIDOS TIPOS sistema solar

Esta es una guía técnica para los diferentes sistemas solares híbridos e inversores disponibles. Los sistemas de acceso pueden cambiar dependiendo de los comerciantes solares próximos y electricidad organizar administradores de la nación. Aludir a nuestra auditoría total de la batería híbrida y el almacenamiento para un examen inmediato de los diferentes inversores híbridos y sistemas de acopio de la batería.

Los sistemas híbridos pueden ser ordenados en dos tipos principales:

1. **Todo en Uno / inversor híbrido Sistema**

El sistema solar híbrido más prudente utiliza un inversor híbrido todo-en-uno que contiene un inversor solar y batería inversor / cargador junto con controles astutos que determinan la utilización más productiva de su energía disponible.

Un sistema híbrido todo-en-uno es un inversor híbrido junto con una batería de litio en un paquete completo, por lo general sobre el alcance de un pecho de hielo. De todos modos como la mayoría de las máquinas que hay numerosos aspectos más destacados y las capacidades que separan la gran variedad de sistemas híbridos accesible.

- **1A. Todo-en-uno inversor (sin respaldo)**

Este es el tipo más fundamental de inversor solar híbrido y funciona como un inversor solar inyección a red, sin embargo, también, faculta el almacenamiento de la energía solar en el sistema de baterías para uso propio. El detrimento principal de este tipo de inversor es que no contiene un aparato de separación de rejilla que implica que no puede suministrar energía cuando hay una interrupción de la energía (habitualmente conocido como un sistema de alimentación ininterrumpida o trabajo UPS). Aunque si la fiabilidad de rejilla no es un problema, este inversor híbrido sencillo sería una decisión decentemente asequible.

INVERSORES CON ACCESO: Solar X-híbrido, Crecimiento, SolarEdge, Sun desarrollar, (sistema híbrido de Samsung, incluyendo las baterías)

Todo-en-uno inversores híbridos ...

- **1B. Todo-en-uno convertidor con back-up (UPS)**

Este desarrolló aún más todo-en-uno convertidor híbrido con regularidad puede ser utilizado tanto como una en la red o fuera de la red del inversor, ya que tiene capacidad de reserva trabajado en. Bajo tarea ordinaria, se puede suministrar energía a la Casa (circuitos de potencia asignados), cargar las baterías y el poder abundancia puede ser alimentada a la red. Si hay un corte de energía o la red inestable termina la unidad cambiará automáticamente a la fuente de la batería y continuar trabajando de manera independiente de la red eléctrica (en general, no es exactamente una gran parte de un segundo).

INVERSORES CON ACCESO: Parte posterior roja Tecnologías, arreglo E X-híbrida solar, Omnik, bien que? ES arreglo, SonnenBatterie Eco, SolarEdge

- **1C. Todo en un solo sistema con batería integrada**

Un patrón más tarde es agrupar el todo-en-uno convertidor híbrido junto con un sistema de batería en una unidad completa. Esto ofrece una opción impacto extraordinariamente perfecta y el coste que suele ser sobre el lapso de un pecho de hielo medio. Estos sistemas son excepcionalmente precisa y fácil de instalar sin embargo, puede tener algunos obstáculos como algunos modelos no pueden extenderse en una fecha posterior.

Sistemas accesibles: Parte posterior roja tecnologías de batería solar, inc X-Box, Alpha ESS, Samsung ESS, Fronius paquete, energía de la pared 2 (mediados de 2017)

sistemas crossover con batería incorporada

2. Marco híbrido e interactivo de Sistemas aislados

Como de no hace mucho tiempo (antes menos costoso a través de los inversores tablero medio raza) sistemas raza más transversales que constan de dos inversores únicas que cooperaron para enmarcar lo que se conoce como un sistema acoplado de CA; un inversor solar estándar y un complejo de inversor de la batería en modo de múltiples intuitiva o.

El inversor solar puede ser cualquier unidad estándar sin embargo, es por lo general ya sea una marca similar o es bueno con el inversor inteligente para avanzar en la carga de baterías.

El inversor inteligente o multimodo va sobre como inversor de la batería / cargador y la energía total del sistema del ejecutivo, la utilización de la programación programable astuto para avanzar en el uso de energía. inversores inteligentes suministran energía de manera similar como un inversor fuera de la red pero también de control (potencia de importación y de tarifas) asociación marco y se puede configurar para iniciar y ejecutar un gen-set back-up (generador) de forma natural.

Puntos clave de un sistema inteligente de celosía

inversor de batería de gran alcance para el suministro de altas cargas incesantes

Progresado múltiples arreglos cargador para las baterías de plomo-corrosivos o de litio

Programada interruptor de cambio de CA (trabajo UPS) trabajó en

Pasan por alto la capacidad de energía.

la capacidad de la pila alta de inundación

de control del generador - Auto comienza / parada.

Puede igualmente ser utilizado para la parte superior de los sistemas de energía de línea fuera de celosía

comprobación remota

Red de alimentación de entrada y limitar el poder cuando se crea la abundancia

recorte de picos para disminuir solicitud de pico

La carga se movía y propulsado solicitud de la energía del tablero.

sistemas intuitivos progresado se utilizan para los establecimientos fuera de celosía y de cruce que requieren un estado anormal de la energía del tablero. La programación más utilizado para ejecutar inversores interactivos capacitar a los controles de energía, por ejemplo, los picos, además de registro de la información y habilidades a través de PLC excepcionales detalles / rendimientos y controles de mano-off. Estos sistemas pueden funcionar del mismo modo con los bancos sustanciales batería y el fusible especialmente los sensores de comprobación de batería y temperatura para alargar la vida de la batería.

Debido a las numerosas reformas y propulsado programando el costo de inversores intuitivos por lo general es más alto que a través de los convertidores de mesa sin embargo, en múltiples aplicaciones de los méritos de costes adicionales de la otra empresa, ya que son comúnmente progresivamente robusta, cada vez más activo y la autonomía de la futura ampliación.

CAPÍTULO SEIS

HECHOS SOBRE LA ENERGÍA SOLAR

La industria solar de Estados Unidos ha experimentado un desarrollo notable en la década anterior, mientras que el costo de la energía solar ha disminuido en casi un 70 por ciento. Desde solar ha entrado en la norma, los propietarios de viviendas regulares están empezando a pensar en la cantidad solar podría prescindir de ellos y lo sencillo de hacer el interruptor de hecho podría ser. En caso de que usted está comenzando a considerar la instalación de paneles solares, que es útil para comprender el punto de vista de 10.000 pies de la energía solar.

✓ **Solar es actualmente la fuente de energía más costosa y menos rica en el planeta**

En diciembre de 2016, el costo de la construcción y la instalación de la nueva era de la energía solar se redujo a $ 1,65 por vatio, apenas prevaleciente en su inagotable viento pareja ($ 1.66 / Watt) y sus rivales de productos de petróleo.

Un momento de definición única con respecto a los aspectos financieros de los productos solares frente de petróleo ocurrió en 2016 cuando un proveedor de negocio solar en Dubai ofrece la energía solar disponible para ser comprado en 0.029 centavos por kilovatio-hora, estableciendo un récord mundial para la energía solar al igual que todas las fuentes de energía. Hoy en día, hay 89 vatios para mascotas (PW) de potencial de generación de energía solar accesible en la tierra, lo que hace solar más rica fuente disponible a nivel mundial de energía.

✓ **Más de un millón de sistemas solares se han instalado en los EE.UU.**

A mediados de 2016, se instaló el sistema solar millón en los EE.UU., sangría un logro que tomó 40 años para el negocio fotovoltaico de alcanzar. En cualquier caso, la historia más prominente que acompañó a este logro es el curso previsto de eventos para las siguientes millón de establecimientos, que se confía en que se produzca en los siguientes dos años. Este examen es un esquema significativo de ritmo rápido del solar como fuente de energía de más rápido desarrollo en el planeta.

✓ **Varios productores ofrecen un panel solar hoy en día más del 20 por ciento de la productividad**

los niveles de productividad de paneles solares se han expandido tan rápidamente como los costes de energía solar están disminuyendo, a causa de énfasis investigadores establecieron en el requisito de avance en la innovación solar. Para fomentar la oferta de punto de vista, sólo cinco años atrás el panel solar más productivo que el dinero podía comprar era del 17,8 por ciento. En 2018, los propietarios pueden obtener declaraciones razonables de los paneles solares en la productividad de 20 a 23 por ciento de extender en cualquier lugar en los EE.UU. En cuanto a la competencia de células solares; las dos marcas de conducción son de energía de Sun y Panasonic.

- ✓ **Los propietarios de viviendas en los EE.UU. han logrado punto de equilibrio con la energía solar en el menor sólo tres años**

El costo de la energía solar tiene paloma, mientras que la pérdida de poder de celosía ha procedido a poco a poco aumento, y la idea de la energía solar "ganar de nuevo el punto de inversión original" con la energía solar ha resultado ser cada vez más atractivo. En 2018, la mayoría de los propietarios de viviendas estaban viendo períodos de compensación en el rango de cinco y ocho años, y los fondos de reserva de 20 años a medir más de $ 20.000. Unos propietarios están viendo ganar de nuevo la inversión original indica un precio tan bajo como tres y cuatro años en los estados donde los costos de servicios públicos son muy similares a Massachusetts y Nueva York.

✓ 5. El coste de un establecimiento solar es actualmente en o por debajo de $ 3 por vatio en los estados individuales de Estados Unidos

No por cualquier medio, diez años atrás, el costo de un sistema solar instalada era de más de $ 8 por vatio, y muchos supuso en el día en solar podría romper el borde $ 4 / vatio. Actualmente en 2018, vemos a los $ 3,00 / vatio producen resultados sello - CITES con la valoración por debajo de $ 3.00 están entrando en el mercado Sage energía constantemente. El costo estándar por vatio en el 2018 es de $ 3.16 por vatio de energía Sage, lo que implica que un sistema convencional estimado (5.000 vatios) tendrá un costo de $ 11,060 después de la dotación ITC solar.

✓ **Los aviones pueden volar por todas partes mientras se ejecuta por completo en la energía solar**

A pesar del hecho de que muchos podrían saber que la energía solar puede alimentar trenes, automóviles, e incluso estaciones espaciales, muchos eran dudosos cuando Bertrand Piccard optó por volar un avión impulsado por energía solar en todo el mundo sin ninguna fuente de energía adicional que el sol. A mediados de 2016, el piloto y aventurero experto suizo dejó de Abu Dhabi, en el dirigible aclamado conocido como Solar Impulse II, por lo que su rendimiento global esperado en julio. El vuelo en todo el mundo ofrece diversas aberturas fotografía y creó una impresión en todo el mundo acerca de la amplia capacidad de la energía solar.

✓ **Los propietarios de viviendas no tienen que introducir sus paneles solares para ir solar**

Los individuos son regularmente sorprendieron al descubrir que ir solar no incluye la instalación de paneles solares en su propiedad. En 2018, la idea de la energía solar solar o la comunidad compartida - la instalación de un rancho solar considerable de la que cientos o incluso un número considerable de individuos pueden fuente de su poder - es enormemente despegar.

solar comunidad está actualmente ofrecido por numerosas grandes empresas de servicios públicos que tienen una fuerza motivadora a la fuente de un determinado nivel de su poder procedente de fuentes inagotables. A partir de ahora, la energía solar comunidad es más prevalente en 4 estados: California, Colorado, Minnesota y Massachusetts. Sea como fuere, con la numerosa a la tierra y partes moderadas de energía solar de la comunidad, la idea es recoger rápidamente la prevalencia de la nación más.

✓ **La energía solar puede dar el poder 24 horas todos los días.**

Una de las preocupaciones fundamentales expresadas por los propietarios al considerar ir solar es decir, "Lo que haría yo durante la noche?" Esto es más clara los límites del recurso a la consecución de un estatus oficial, y los proveedores de almacenamiento de energía solar están notando la llamada. Varias marcas muy respetadas han entrado en la sala de almacenamiento solar (contando Tesla, LG, y Mercedes) y el nuevo reto y el desarrollo están haciendo que el costo de una caída almacenamiento solar. En 2018, los propietarios pueden comprar energía solar, además de sistemas de capacidad y estar totalmente libre de energía. Para familiarizarse con la capacidad, mira a los mejores baterías solares accesibles en 2017.

Por lo general, estos ocho realidades ofrecen varios puntos sobre el desarrollo de energía solar en la década en curso y la forma en que se ha convertido en un verdadero competidor de los recursos de productos derivados del petróleo en el año 2018. En caso de que usted está pensando en un sistema de paneles solares más temprano que después, mirar algunos consejos de cómo los clientes solar puede garantizar que obtendrá el menor costo y mejor hardware con su creación:

TIPS PARA LOS COMPRADORES DE SOLAR

1) Los titulares de hipotecas que reciben diversas declaraciones de repuesto 10% o más

Del mismo modo que con cualquier compra caro, en busca de un establecimiento de paneles solares necesita una gran cantidad de investigación y consideración, incluyendo un estudio cuidadoso de las empresas en su vecindad general. Un reciente informe de la División de Laboratorio Nacional de Energía Renovable Energy Laboratory (NREL) de Estados Unidos recomendó a los consumidores a comparar cualquier número de opciones solares como era de esperar dadas las circunstancias que se abstengan de pagar precios ampliados que ofrecen los grandes instaladores en el negocio solar.

Para localizar los contratistas mas pequeñas que se caracterizan por ofrecer precios más bajos, que tendrá que utilizar un instalador organizar como Sage Energía. Puede recibir los estados libres de instaladores locales para poder verificados al dar de alta su propiedad en solar del mercado - los titulares de hipotecas que reciben al menos tres estados pueden esperar para ahorrar $ 5.000 a $ 10.000 en su establecimiento de un panel solar.

2) Los mayores instaladores normalmente no ofrecen el mejor precio

El superior no es en todos los casos mejor mantra es una de las razones fundamentales enfáticamente alentar a los poseedores de propiedad a considerar la mayoría de sus opciones solares, y no sólo las marcas lo suficientemente grandes como para pagar por los más difusión. Un reciente informe del gobierno de Estados Unidos encontró que grandes instaladores son $ 2.000 a $ 5.000 más costoso que pequeñas empresas de energía solar. En la remota posibilidad de que usted tiene ofertas de una parte de los enormes instaladores de energía solar, asegúrese de comparar las ofertas con las declaraciones de los instaladores locales para garantizar que no pagar de más para la energía solar.

3) Al comparar todas las opciones de hardware es igualmente tan crítica

instaladores a escala nacional no se limitan a ofrecer tarifas más caras - pero también ellos serán, en general, tienen menos opciones de engranaje solar, que pueden afectar significativamente la producción de electricidad de su sistema. Mediante la recopilación de una variada exposición de ofertas solares, puede comparar los costos y los fondos de reserva que dependen de los varios paquetes de hardware accesibles para usted.

Hay varios factores a considerar cuando se busca los mejores paneles solares disponibles. Mientras que los paneles específicos tendrán evaluaciones de eficiencia más altos que otros, poniendo recursos a la primera marcha solar de clase no suele dar lugar a los fondos de reserva más altos. La mejor manera de localizar el "punto dulce" para su propiedad es evaluar sitios con diferentes engranajes y ofertas de financiación.

FACTORES QUE AFECTAN LA EFICIENCIA DEL SISTEMA PV SOLAR

factores de eficiencia vitalidad deben considerarse cuidadosamente, mientras que la estructuración de los sistemas solares fotovoltaicos, si usted necesita para obtener el mejor provecho de sus esfuerzos y la especulación. En la remota posibilidad de que usted tiene los aparatos que no son muy eficientes vitalidad que se necesitará una instalación fotovoltaica razonablemente grande (y gran signo en el saldo bancario, así!). Que no es buena señal, sin importar si usted es muy rico. La otra fuente de potencia tal como se considera solar porque producto de petróleo es sucio y no está soportando regularmente (teniendo un vistazo al ritmo de funcionamiento de aumento en el consumo de la vitalidad en todo el mundo). De esta manera, es posible que desee utilizarlo de una forma ideal.

Sea como fuere, incluso después de haber reemplazado la carga eléctrica con los electrodomésticos más eficientes, a pesar de todo es necesario recordar las ineficiencias del sistema fotovoltaico que se esconden continuamente próximo. Por lo tanto, vale la pena saber acerca de los diversos factores que pueden posiblemente corromper su sistema, con el objetivo de que se puede procurar esfuerzos para limitarlos etapa disponiendo cómodo. Aquí hay seis consideraciones vitales.

Nosotros, en su mayor parte, tenemos los aparatos eléctricos que trabajan en 220 que es significativamente mayor en comparación con el sistema fotovoltaico típico voltajes de CC de 12V, 24V o 48V. Para una potencia semejante, las corrientes mucho más altos están asociados con los sistemas fotovoltaicos. Esto pone en infortunios de resistencia de derechos en el cableado.

nos dan la oportunidad de percibir la forma en que muy bien puede ser significativo.

20 metros es la longitud del cable entre el panel y el controlador de carga. Un cable típico con una sección transversal de 1,5 mm cuadrados tiene una resistencia de aproximadamente 0.012 ohmios por metro de longitud de cable. Por lo que un cable largo de 20 metros ofrecerá resistencia de 20 x 0,012 = 0,24 ohmios.

Si se trata de un sistema de 24 V y una corriente de 10 amperios se está moviendo a través de este alambre, en ese punto de la ley de Ohm (V = IxR), podemos calcular la caída de tensión a través de este cable: 2.4V. Implica la tensión al final controlador de carga de los cables será 2.4V no es exactamente la tensión producida por los paneles si una corriente de 10 amperios está transmitiendo. Esta caída de tensión del 10% es inaceptable.

Imagine un escenario en el que utilizamos un cable sección transversal de seis cuadrados mm que tiene una resistencia de 0.003 ohmios por metro. La fuerza total de cable largo de 20 metros actualmente será 0,06 ohmios; y la caída de tensión, 10 × 0,06 o 0,6 V. Es caída de tensión 2,5% para un sistema de 24V que puede ser aceptable. Sea como fuere, no debe decirse algo sobre el aumento del costo de cable más grueso? Del mismo modo, no habría cablear todas partes, y una cuidadosa atención debe ser pagado a conocer el impacto en la eficiencia del sistema en general. De esta manera, la longitud y el tamaño del cable necesita cómoda etapa organizar una cuidadosa atención.

Otro enfoque para reducir la resistencia a la desgracia es elevar la tensión del sistema, para indicar 48V.

Será, en cualquier caso, dar vatios indistinguibles desde arriba (48V x 5A = 240W). Multiplicando la tensión del sistema reduce la caída de tensión por 1 / cuarto.

Mientras que el tamaño y la longitud de los cables implican plan del sistema y el establecimiento, por la naturaleza de los cables del Ministerio de Energías Nuevas y Renovables (MNRE) en la India especifica que los cables se adhieren a la norma IEC 60227 / IS 694 o IEC 60502 / IS 1554 (Parte I y II). Vale la pena aclimatarse lo que estas especificaciones Normas estado.

✓ **Temperatura**

Las celdas solares realizan las preferidas en el frío bastante más en el clima caliente, y tal como están las cosas, los paneles tienen una potencia de 25 ° C que puede ser significativamente no es igual que la circunstancia específica al aire libre. Para cada ascienda grado en la temperatura por encima de 25 °

C el rendimiento del panel decae por aproximadamente 0,25% para las células indistintas y aproximadamente 0,4-0,5% para células cristalinas. De esta manera, en los días de verano sofocante temperatura del panel puede sin gran parte de un tramo llegar a 70 ° C o más. Lo que implica es que los paneles se ponen a cabo hasta un 25% menos de energía en comparación con lo que están clasificados por lo 25 ° C. Por lo tanto un panel de 100W producirá solo 75W en mayo / junio en muchas partes de la India, donde las temperaturas alcanzan los 45 ° C y en verano pasado y la solicitud de la electricidad es alta.

Los paneles solares se trataron bajo condiciones de laboratorio, llamado STC (condiciones de prueba estándar): en una dimensión de irradiación (luz) de 1000W / m2 con una temperatura de 25 ° C. Sea como fuere, en realidad, estas condiciones están siempre cambiando, por lo que el rendimiento del panel no es lo mismo que las condiciones de laboratorio. De esta manera, se presentan otras especificaciones, llamado NOCT (Temperatura nominal de funcionamiento de célula). Es la temperatura alcanzada por las células de circuito abierto en un módulo en las condiciones que se acompañan:

Irradiancia (luz) que cae sobre el panel solar a 800W / m2; La temperatura del aire de 20ºC; velocidad del viento a 1 m / s; y el grupo está montado con una parte posterior abierta (el aire pueda circular detrás de un panel).

La mayoría de los paneles de gran calidad, accesible hoy en día en la India tienen NO estimaciones de 47 ± 2 º C. Bajar el TONC se espera la mejor para llevar a cabo en climas más húmedos.

El coeficiente de temperatura de la potencia nominal vatios, Pmax, es otro parámetro vital.

Modelo: paneles solares EMMVEE tener NOCT de 48 ± 2 º C y el coeficiente de temperatura de la potencia nominal - 0,43% por paneles K. Moser Baer han NOCT de 47 ± 2 º C y el coeficiente de temperatura de la potencia nominal - 0,43% por K para los paneles hasta a 125Wp; sus paneles de energía más altos tienen NOCT de 45 ± 2 ° C y el coeficiente de temperatura de la potencia nominal - 0,45% por K.

✓ **Sombreado**

paneles solares Preferiblemente debe ser situada de forma que nunca habrá sombras en ellos porque una sombra en incluso un pequeño pedazo del panel puede tener un efecto sorprendentemente grande sobre el rendimiento. Las células dentro de un panel están ordinariamente todos conectados en una disposición, y las células sombreadas afectan a la corriente actual de todo el panel. Sea como fuere, no puede haber circunstancias en que no se puede mantener una distancia estratégica de, y por lo tanto los efectos de sombreado parcial debe ser considerado mientras que la organización. En la remota posibilidad de que el panel afectada está conectado en una disposición (en una cadena) con diferentes paneles, en ese punto, el rendimiento de cada uno de esos paneles se verá afectada por el sombreado parcial de un panel. En tal circunstancia, una disposición llamativa es abstenerse de paneles de cableado en el asentamiento si concebible.

 ### Regulador de carga y características IV de Solar Cell

Una normales intrínseco para las células de silicio solar es que la corriente creada por una dimensión de luz específico es constante hasta un voltaje en particular (aproximadamente 0,5 V para el silicio) y después de que cae de repente. Lo que implica es que principalmente la tensión se desplaza con fuerza de la luz. Un panel solar con una tensión aparente de 12 voltios sería regularmente tener 36 células, dando lugar a una corriente constante hasta alrededor de 18 voltios. Sobre este voltaje, la corriente disminuye rápidamente, provocando el rendimiento de mayor potencia que se crea en torno a los 18 voltios.

En el punto cuando el panel está asociado con la batería a través de un controlador de carga primaria, su voltaje será tirado hacia abajo para cerrar a la de la célula. Esto condujo a derribar vatios de potencia (vatios = Amp x Volt) rendimiento a partir del panel. En este sentido, el panel tendrá la capacidad de crear su máximo poder cuando el voltaje de la batería está cerca de su forma más extrema (totalmente cargada). Por lo tanto, las estructuras de un sistema en, por ejemplo, de manera que las baterías normalmente no se quedan precisamente plena carga durante mucho tiempo. En medio de días de tormenta o sustanciales ofuscado, circunstancia puede ocurrir cuando las baterías se mantienen en la condición de carga completa no exactamente. Esto, además, bajar la tensión del panel; en consecuencia corromper el rendimiento más allá.

Esta es, además, donde un MPPT (Maximum Power Point) del controlador de carga entra en la imagen. Se necesita una puñalada a mantener el panel en su mayor tensión y al mismo tiempo crea el voltaje requerido por la batería. Un controlador de carga esencial evita daño de las baterías por el exceso de carga, mediante la eliminación con éxito la corriente de los paneles solares (o al reducir a un latido del corazón) cuando el voltaje de la batería alcanza una dimensión específica. Por otra parte, un (MPPT)

Rastreador de punto de máxima potencia desarrolla una capacidad adicional para mejorar su eficiencia del sistema.

¿Qué hace el controlador MPPT?

Aparte de jugar fuera de la capacidad de un controlador fundamental, un controlador MPPT incorpora asimismo un convertidor de voltaje CC a CC, cambiando el voltaje de los paneles a la requerida por las baterías, con casi nada de pérdida de potencia. Como tal, se esfuerza para mantener la tensión del panel cerca de su punto de máxima potencia, al tiempo que proporciona los requisitos previos voltaje cambiante de la batería. A lo largo de estas líneas, se desacopla los voltajes del panel y de la batería de modo que no puede haber un sistema de 24 voltios en un lado del regulador de carga MPPT y los paneles de cableado en disposición para crear 48 voltios en el otro. A lo largo de estas líneas, que está ofreciendo la capacidad de dar un poco de corriente de carga incluso en situaciones oscuras cuando un controlador primario no alentaría mucho.

medidores aplicables que se indican para los reguladores de carga y unidades de moldeo de potencia por el MNRE son IEC 60068-2 (1,2,14,30) / Equivalente BIS Std., IEC 61683 / IS 61683.

✓ Rendimiento del convertidor

En el punto cuando el sistema PV solar está teniendo en cuenta las necesidades de las pilas de CA, se requiere un inversor. Como se mantienen las cosas, en nada certificable es 100% de habilidad. Aunque inversores acompañan eficiencias de funcionamiento de ancho sin embargo ordinariamente inversores solares moderados son entre 80% a 90% de habilidad.

Precedentes: 1000 VA inversor de Su Kam es regularmente 85% de habilidad; sus 2KW - 5 KW modelos tienen eficiencia de más del 87%. UTL Solar capucha Back Up (810VA - 3000 VA) modelos son ordinariamente 80% eficaz y la pantalla solar S-20 de aproximadamente 85%.

✓ La eficiencia de la batería

En cualquier punto refuerzo baterías que se requiere son necesarios para el almacenamiento de carga. Las baterías de plomo son los más comúnmente utilizados. Todas las baterías se descargan no tanto como lo que pasó en ellos; la eficacia se basa en la estructura de la batería y la naturaleza del desarrollo; algunos son positivamente más efectivos que otros.

La energía puesta en una batería medio de la carga Ein se puede dar como

Ein = ICVC Tc donde IC es la corriente de carga constante a la tensión VC para Tc tiempo plazo

De la misma manera, después de que se descarga a un presente ID constante, a una VD tensión en medio de un periodo ΔTD; la energía transmitida es

Eout = IDVD ΔTD

Actualmente compone la eficiencia energética ASEIN / Eout = ICVC Tc / IDVD ΔTD.

Hay dos tipos de rendimientos: Rendimiento de tensión (VD / VC) y la eficiencia coulomb (ID ΔTD / IC Tc)

Dado que las baterías de plomo-ácido son típicamente pagan a la tensión de la boya de aproximadamente 13,5 V y la tensión de descarga es de alrededor de 12 V, la eficiencia de tensión es de aproximadamente 0,88. En estándar, la eficiencia coulomb es de aproximadamente 0,92. En consecuencia, la eficiencia de energía neta es de alrededor de 0,80

Una batería de plomo-ácido tiene una eficiencia de solo 75-85% (esto incorpora tanto la desgracia de carga y la desgracia de liberación). De cero estado de carga (SOC) a 85% SOC de la normal en la eficiencia de carga de la batería en general es de 91%, la ecualización es infortunios en medio de descarga. La energía perdida se muestra como el calor que calienta la batería. Se tiende a limitarse al mantener las tasas de carga y descarga de baja. Ayuda a mantener la batería cargada y mejora su vida.

Aquí hicimos excluir infortunios en el circuito electrónico del cargador de baterías que puede cambiar en algún lugar en el rango de 60% y 80%. En este sentido, la eficiencia general del sistema de la batería puede ser mucho menor.

CAPÍTULO SIETE

EL TAMAÑO DEL SISTEMA SOLAR

Hay dos maneras fundamentales que los individuos enfoque de decidir el tamaño y características específicas del sistema solar que requerirán (sistema solar de exclusión molecular).

1. El "hacer algo de ahora, añadir un poco más tarde" Método

Unas pocas personas manejan solar dimensionamiento del sistema fotovoltaico por sentirse libre para la fabricación de un nivel decente medido sistema solar primero (como uno de los sistemas te contamos la mejor manera de ampliar en este sitio en el panel solar de cableado), actualizándola en su casa y después de lo que la utilización de la energía solar que reciben a cambio relacionadas con el control de la organización del poder.

Estos individuos pueden igualmente añadir paneles solares cada vez más a su sistema más adelante e incrementar su fase de generación de energía solar a paso como sus activos lo permitan. Ellos, en su mayor parte, fabricar menos energía que los que necesitarán algún "aprender en el camino" (a través de la utilización que de verdad) la cantidad más potencia que requieren. Esta técnica dimensionamiento de sistemas de energía solar fotovoltaica es algo similar a la "improvisación".

Después de algún tiempo, pueden desarrollar sus sistemas para dar toda la potencia que necesitan e incluso, al final, utilizan ninguna autoridad de su organización de servicio por cualquier tramo de la imaginación.

Esta es una metodología muy estándar (para el tamaño del sistema solar) para el do-it-artesanos, ya que les permite obtener su pie en la "puerta de entrada solar" y comenzar a beneficiarse de la energía solar, rápidamente, al menor costo y sin mucho de aburrido arreglos.

2. El "hacer suficiente para todas sus necesidades ahora" Método

La otra manera de que los individuos deciden la medida del sistema solar que requerirán (sistema de energía solar fotovoltaica de exclusión molecular) es realmente por dar sentido a la precisión cuánta energía devora a su casa y después de que la construcción de un sistema fotovoltaico que puede hacer frente a ese montón.

Si no es mucha molestia toma nota de que, independientemente de si usted decide empezar poco y montar una vez más el tiempo que debe, en cualquier caso, tiene sentido del sistema lo medida de su unidad familiar requerirá para todas sus necesidades de energía, por lo que tener un amplio pensamiento decente de qué sistema de estimación en el final tomar una puñalada en.

Decidir este cálculo espera que hagas algo de exploración en los alrededores de su propia casa. Aún más específicamente, usted debe comprobar la utilización de kilovatios en su factura eléctrica y medir la luz natural disponible en su vecindad general.

A partir de estos cálculos, se puede decidir qué número de vatios del sistema solar que se monten debería necesitar para adaptarse a la mayoría de las necesidades de energía de su hogar.

Ajustar aquí para familiarizarse con la técnica estándar para el tamaño del sistema solar -

decidiendo los vatios de su sistema tiene que entregar a obligar a todas las necesidades de energía de su hogar (completando una revisión de la energía).

Usted ve lo que el número de vatios, voltios, amperios y que necesita requisito para sus aparatos.

No obstante si decide realizar una instalación fotovoltaica suficientemente enorme para obligar a la totalidad o sólo una parte de sus necesidades de energía, que está todavía va a tener que ver en todo caso, qué número de vatios, voltios, amperios y se le entrega y si va a ser suficiente para todos (o algunos) de sus aparatos específicos y necesidades límite de acopio de energía.

Esta es una pieza convincente del proceso de encolado sistema solar, sobre todo en la remota posibilidad de que se le incluyendo la energía solar sobre la marcha (después de algún tiempo).

Usted debe poner adelante algunas preguntas fundamentales identificados con el sistema de energía solar fotovoltaica de tamaño como:

¿Qué número de vatios que va de requisitos que para mi uso de energía específico?

¿Qué número de voltios debe entregar mi sistema para mis aparatos específicos?

¿Qué número de amperios requiero para tener la capacidad de suministrar la energía solar lo suficientemente rápido para mis necesidades de uso?

Pregunta 1:

¿Qué número de vatios que va requisito para mi uso de energía en particular?

Watts habla a la medida del poder creado o utilizado. Consideramos que es similar a su "ahorro de energía".

En cuanto a dimensionamiento del sistema fotovoltaico, usted tiene que asegurarse de que tiene suficientes vatios para alimentar la mayoría de los aparatos en concreto.

A veces los vatios necesarios para aparatos específicos son más de lo que puede tener forma directa accesible o poner distancia. P.ej. El intento de alimentar una nevera con un sistema fotovoltaico que produce casi nada de energía (vatios) cada hora o con un banco de baterías que no tiene casi ninguna potencia (vatios) poner distancia.

Ampliando o disminuyendo los vatios que su sistema puede entregar y de almacenar se cultiva mediante la inclusión de tableros y las baterías de la luz solar para su instalación fotovoltaica progresivamente. Añadir más tableros para hacer más potencia. Añadir más baterías para ahorrar más energía.

Así que supongamos que se necesita para alimentar un ordenador portátil con su sistema de cierre.

Usted tiene que comprobar ratio de vatio de su computadora portátil (compruebe la etiqueta en la parte posterior del equipo y duplicar los voltios x amperios para obtener los vatios).

En la remota posibilidad de que su ordenador portátil se aprecia a las 72 vatios, esto implica que necesita 72 vatios de potencia para cada hora para correr. Por lo que su cercana SystemGroup debe asimismo tener la capacidad de crear o dar desde el banco de baterías hasta 72 vatios o más por cada hora de tener suficiente apretón para alimentar el ordenador portátil.

Decidir su día a día, semana a semana o mes a mes utilización vatios

Entonces, ¿cómo decidir su utilización vatios durante todo el mes, la semana o el día?

La respuesta adecuada es: Usted necesita calcular los vatios-hora.

Vatios-hora / horas kilovatios

Vatios / kilovatio hora es la estimación utilizada por su organización dinámica que cobrar en su factura. Se habla con el número de vatios devorados incrementado por el número de horas que gasta para. Uno de vatios-hora es equivalente a tragar un vatio de potencia para cada una hora.

Vatios-hora = # de vatios devorado x # de horas.

Un kilovatio es equivalente a 1000 vatios. Es simplemente un método más para decir 1000 vatios, simplemente parece más limpio y es menos masiva que mira en su factura de servicio. Por lo que una hora de un kilovatio es equivalente a gastar 1000 vatios de potencia durante una hora.

Para determinar la medida de vatios / kilovatios al devora electrodomésticos particulares (y de esta manera requerirá su grupo cercano sistema para crear) usted tiene que descubrir dos fragmentos de datos.

La capacidad nominal de los aparatos que utilizará.

Por otra parte, en qué medida usted utiliza todos los aparatos.

vatios

De esta manera, si por el plazo de 1 día, que utilizó su ordenador portátil 72 vatios durante 4 horas, se habría utilizado 72W x 4 horas = 288 vatios-hora (que no es, en cualquier caso, un kilovatio) a lo largo de estas líneas de la medida de vatios que necesitan ser rápidamente accesible desde su banco de baterías grupo sistema cercano sería de 288 vatios durante todo el día.

Para calcular la suma total de vatios que devoran por cada uno de sus aparatos o una reunión especial de los instrumentos, que tendría que dirigirse a esos aparatos, obtener la capacidad nominal de cada uno y aumentar cada uno por el número de horas que normalmente utilizar que el aparato para.

En ese punto de incluir cada una de las sumas, y sabrá todo lo que el número de vatios / kilovatios de potencia que requieren su systemsystem cerca de tener la capacidad de crear para obligar a esos aparatos para el lapso de tiempo que indique (mes / semana / día).

Como debería ser obvio, que está orientado potencial de energía del sol todos los días increíblemente se basa en lo que el número de vatios que puede capturar y almacenar en medio de las horas de luz solar.

Si su grupo cercano sistema se aprecia a 300 vatios completa, esto implica la mayor parte de su sistema puede crear / tienda es de 300 vatios de potencia por cada hora placas basadas en el sol están en condiciones óptimas de luz solar, sin embargo, este número podría ser sustancialmente menor al no condiciones óptimas de la luz solar.

Depende de la medida de su sistema y el tiempo de la luz solar que tiene acceso en medio del día, puede crear y almacenar la vitalidad en su banco de baterías durante el día y lo utilizan como usted lo requiera.

Con nuestro modelo de sistema de 300 vatios anterior, si tuviera 6 horas de luz solar óptima todos los días, podría almacenar 300w x 6 = 1.800 vatios para todos los días. Eso es mucho más que todo que pueda necesitar el jugo para la alimentación del ordenador portátil que requiere 288 vatios durante 4 horas de uso (o 72 vatios por cada hora).

Continuamente comprobar el hardware o aparatos para la calificación correcta vatios sin embargo, para darle una idea de lo que está en la tienda, he aquí algunas potencias regulares para algunos aparatos de serie:

radio reloj: 10 vatios

Reproductor de DVD: 40 vatios

Poca TV: 54 vatios

Luz: 60 vatios

ordenador portátil: 72 vatios

ventilador de techo: 120 vatios

LCDTV: 200 vatios

De mano batidora: 350 vatios

Más frío: 500 vatios

productor de café espresso: 800 vatios

Tostadora: 1000 vatios

Microondas: 1000 vatios

placa caliente: 1100 vatios

sierra de la energía: 1350 vatios.

aspiradora: 1600 vatios

Aunque unos aparatos como el plato caliente puede parecer que tienen un mayor que el ordinario ratio de vatio en contraste con una televisión, estos aparatos se utilizan comúnmente para plazos mas pequeñas por lo que la potencia general utilizado ajustar y no es tan grande como usted puede pensar.

En esencia, los más vatios su grupo cercano sistema tiene, más potencia que pueden crear y almacenar en su banco de baterías para su uso en cualquier punto que necesita.

Pregunta 2:

¿Qué número de voltios debe entregar mi sistema para mis aparatos en concreto?

Volts hablan al peso de flujo eléctrico (el empuje).

En cuanto a dimensionamiento del sistema fotovoltaico, usted tiene que asegurarse de que tiene suficientes voltios en su sistema para alimentar sus aparatos particulares (que también tienen una calificación voltios en ellos).

En la remota posibilidad de que se está operando un aparato con una calificación alta tensión, va a requerir su banco / sistema de la batería para tener esa tensión equivalente (mínimo del todo superior) para suministrar suficiente energía a la misma para que funcione.

Ampliando o disminuyendo la tensión se practica a través de la línea de acción / cableado de sus placas basadas en la luz del sol y su banco de baterías.

Así que supongamos que se necesita para alimentar la computadora portátil con su grupo cercano sistema.

voltios

Usted tiene que comprobar su categoría de voltios. Esto debería ser en una etiqueta situada en la parte inferior de la computadora en sí misma.

Si el ordenador se evalúa a 24 voltios, el sistema de cierre debe asimismo tener la capacidad de ofrecer hasta 24 voltios o más para alimentar ese aparato.

Está bien para alimentar un aparato evaluado a la tensión más baja con un sistema que produce un voltaje más alto, sin embargo, si intento que la otra ruta alrededor no tendría suficiente "empuje" para alimentar los aparatos de voltaje más altos.

Las capacidades de tensión distintivos son 12 voltios, 24 voltios, 48 voltios, 120 voltios y 240 voltios.

En la remota posibilidad de que su grupo cercano sistema se aprecia a los 36 voltios, tendrá la capacidad de los aparatos de potencia de hasta 24 voltios, sin embargo, no 48 voltios, 120 voltios o 240 voltios. Si su systemsystem cerca se aprecia a los 54 voltios, tendrá la capacidad de los aparatos de potencia de hasta 48 voltios, sin embargo, no 120 voltios y 240 voltios. En la remota posibilidad de que su cercana SystemGroup se evalúa en 126 voltios, tendrá la capacidad de los aparatos de potencia de hasta 120 voltios, todavía no son 240 voltios. En la remota posibilidad de que su systemsystem cerca se aprecia a 252 voltios, tendrá la capacidad de los aparatos de potencia de hasta 240 voltios.

Continuamente revisar sus aparatos o dispositivos para la calificación correcta voltios sin embargo, para darle una idea de lo que está en la tienda, he aquí algunos de voltaje estándar para algunos instrumentos necesarios:

Adjunto en el componente quemador (placa caliente): 12 voltios

radio reloj: 12 voltios

Luz: 12 o 24 voltios

ordenador portátil: 24 voltios

Aire acondicionado unidad de trabajadores temporales: 24 voltios

TV LCD: 120 voltios

broiler de mesa: 120 voltios

Agua más caliente: 240 voltios

Secadora: 240 voltios

Pollos de engorde: 240 voltios

Fundamentalmente, los más voltios su sistema de cerca tiene, más surtidos de aparatos de mayor tensión se puede alimentar con ella - si tiene los vatios para suministrar la energía.

En cualquier caso, un método para moverse por esto es utilizar (o comprar) aparatos con puntuaciones de baja tensión. Imagine la cantidad de dinero que le sobra si tienes una parte de los aparatos de su hogar en la tienda de RV y autocaravanas. Usted puede ser sorprendido por lo que está accesible en las calificaciones de baja tensión.

Pregunta 3:

¿Qué número de amperios requiero para tener la capacidad de ofrecer la vitalidad alimentada por energía solar lo suficientemente rápido para mis necesidades de uso?

Amperios hablan a la fuerza (y suma) de corriente ya lo largo de estas líneas de decidir la extensión del cable que se requiere.

En cuanto a dimensionamiento del sistema fotovoltaico, usted tiene que asegurarse de que tiene suficientes amperios para hacer / almacenar energía lo más rápido (o más rápido que) que lo utilice. Lo que es más, que, además, es necesario para proteger el cable tiene tamaño correcto para hacer frente a la actual.

Así que si el sistema de cierre de montar tiene un total de 7 amperios, lo que tendría que comprar alambre de 7 amperios. En realidad, para ser errar en el lado de la precaución, usted debe comprar alambre de 8 o 9 amperios, para asegurarse de que se da cuenta de que puede hacer frente a la actual.

Los más amperios que tiene el sistema, más rápido se puede hacer / tienda de vitalidad y, posteriormente, el más vitalidad tendrá acceso para utilizar - es decir, si usted tiene suficientes baterías para almacenarla.

Cuando incrementa los amplificadores de su grupo cercano sistema, se parece que está utilizando un cable mayor que permite más potencia a través de la doble.

Si usted tiene suficientes amperios al igual que las baterías suficientes, usted puede construir su generación y la capacidad límite, por lo que nunca se quedan cortos en la energía alimentada por energía solar.

Ampliando o disminuyendo los amplificadores se cultiva a través de la línea de acción / cableado de los tableros a base de sol. Usted, además, requiere más baterías para almacenar la energía adicional.

amperios

Así que supongamos que su grupo pedirá sistema cercano a entregar el poder excesivamente rápida, ya que tenía altas necesidades de vida y que necesitaba para explotar su gran límite del gran banco de baterías por la activación de vuelta más rápida después de su uso.

Para ello, tendría que mastermind los tableros en su sistema de cierre para construir los amplificadores total.

amperios

Amperios hablan a la cantidad de flujo eléctrico puede fluir a cada hora, por lo que en la remota posibilidad de que la batería dice 105 amperios en él, esto implica que podría cargarla para entregar 105 amperios absolutos a lo largo de una hora.

Con ello se pretende dar una señal de límite de capacidad de la batería y en qué medida se necesita una batería para liberar.

Cuantas más horas de amplificador que tiene en su banco de baterías, más atraídos a cabo su asimiento poder absoluto le llevará a escape.

Puesto que usted cuenta de lo cerca del grupo de sistemas estaba evaluando funciones, usted tendrá una idea de lo superiores estimar la vitalidad del sistema basado en el sol que se requieren - para hacer frente a sus aparatos particulares y unidades de carga familiar.

En la zona siguiente, se demuestra que a cómo se pueden agregar muchas baterías a su sistema e incrementar su vitalidad Guardar cada vez más tarde. Sea como fuere, en la remota posibilidad de que usted necesita para familiarizarse con qué tipo de baterías a base de sol son accesibles y cómo elegir los correctos, haga clic aquí primero.

Usted asimismo aprenderá (en el segmento siguiente) cómo incluir tableros con alimentación diferentes sol juntos, cómo conectar sus tableros y banco de baterías para entregar diversa querían voltios y amperios resultados y cómo ajustar todo junto para que pueda tomar ventaja de su cercana SystemGroup .

CONCLUSIÓN

potencia orientada sol es una fuente de vitalidad monstruosa forma directa utilizable y al final hace que otros activos de vida: biomasa, eólica, la energía hidroeléctrica y la vitalidad de las olas.

La parte más significativa de la superficie de la Tierra se adecuada vitalidad alimentada por energía solar para permitir bajo revisión calentamiento de agua y estructuras, a pesar de que hay grandes variedades con el alcance y la temporada. En magnitudes bajas, aparatos necesarios espejo pueden centrarse vitalidad orientado adecuadamente sol para cocinar y sin perjuicio para impulsar las turbinas de vapor.

La vitalidad de la luz se mueve electrones en algunos materiales semiconductores. Este impacto fotovoltaica puede hacer la edad de potencia gran escala. Sea como fuere, la presente bajo el dominio de las células fotovoltaicas basadas sol solicitar vastas regiones para suministrar peticiones de potencia.

Coordinar la utilización de vitalidad basada sol es el principal métodos sostenibles preparada para realizar en el suministro de último vitalidad en todo el mundo actual primordial de fuentes no inagotables sin embargo, en detrimento de una región de la tierra en todo caso, una gran porción de un millón de km2.

www.ingramcontent.com/pod-product-compliance
Lightning Source LLC
Chambersburg PA
CBHW050947050726

47592CB00007B/2472